〈生かし生かされ〉の自然史

渡辺政隆
Masataka Watanabe

〈生かし生かされ〉の自然史

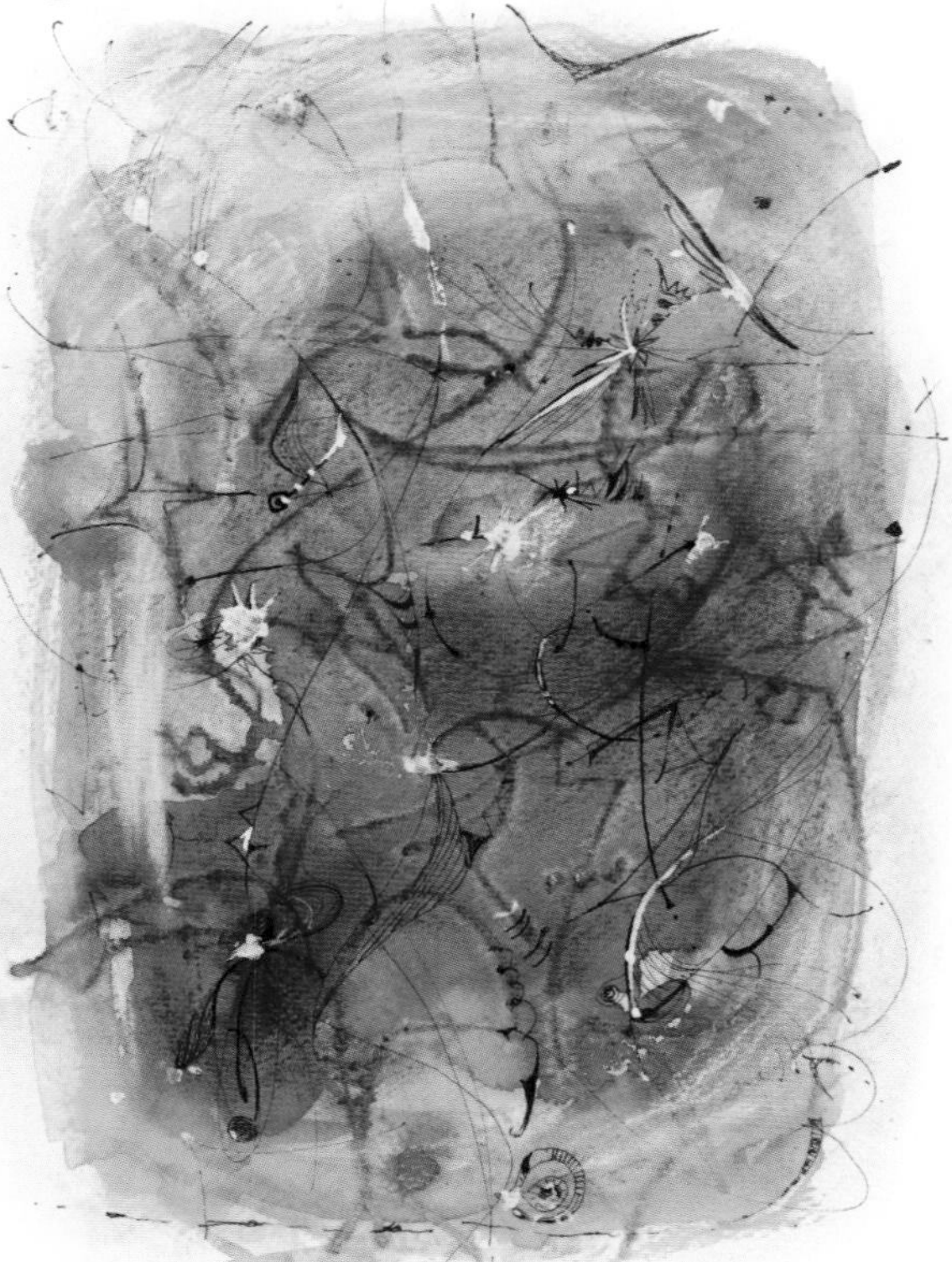

共生と進化をめぐる16話

岩波書店

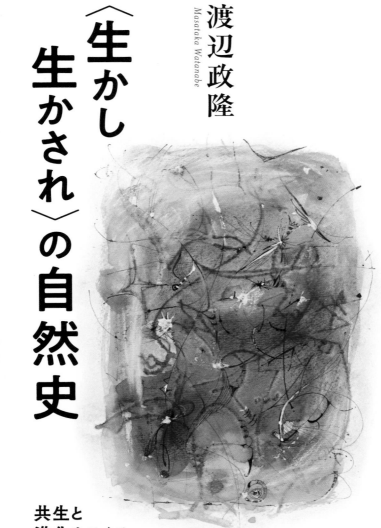

いつも植物の力に目を向けさせてくれる妻淳子に

はじめに――朝顔の力学

いま私たちが住んでいる地球を人間が意識する。私も意識はするけれど、地球といえばなんだかコツンとしたような感じがして。あらゆる生きものたちが、草木も、獣たちも、虫たちも含めて、呼吸しあっている……。

（石牟礼道子『花の億土へ』[1]）

石垣の上の、隣家のお嬢さんが小学校から持ち帰った朝顔の鉢植え。庭の片隅に置き忘れられたまま水やりも怠りがちだったのに、何輪かの花を咲かせた。

その翌年、わが家の石垣とアスファルトの隙間から朝顔が芽を出した。タネを蒔いた覚えはない。隣家のあの朝顔のタネがこぼれてきたのだろう。それ以来、夏が来ると赤い朝顔の花が石垣沿いに蔓《つる》を伸ばして咲くようになった。

路傍の草花を見るたびに、命の糸をつないでいくけなげさに胸を打たれる。ある朝の散歩で、住宅地の石段を登っていたらそこにも朝顔が（次ページ）。かつて学んだ生態学では、繁殖戦略という無粋

な言い方がされていた。研究論文を書くためにはそれでいいだろう。しかし日々生きものに接するにあたっては、もっと血の通った理解のしかたがあってもいい。

科学、英語で言うサイエンスの本来の意味は、語源的には「知ること」であり、それが「知識」という意味に転じた。思想家・歴史家のイヴァン・イリイチ（一九二六〜二〇〇二）は、立ち返るべきサイエンスの原点として、一二世紀の神学者、聖ヴィクトルのユーグ（一〇九六〜一一四一）の名を出している。(2)

サイエンスについて第一に強調されねばならないことは、人間の弱さへの救済の試みということであって、自然を統御し、支配し、征服して、それをにせの楽園に変えてしまうことではない。（中略）ユーグのサイエンスは、真理を発見してそれを公刊する目的でなされる純粋な血の通わぬ探究ではない。

（イリイチ『シャドウ・ワーク』玉野井芳郎・栗原彬訳）

もともと、森羅万象について知りたいという衝動に突き動かされた知的営為は哲学の一部だった。たとえば、かのアイザック・ニュートン(一六四二〜一七二七)は、自身の学問を自然哲学と呼んでいた。それを研究する者は自然哲学者である。

サイエンスという語が、今で言う「科学」を意味するようになり、サイエンスに勤しむ者の呼称としてサイエンティストという言葉が提案されたのは一九世紀になってからのことだ。ただしその時代にあってもチャールズ・ダーウィン(一八〇九〜八二)は、自身をナチュラリストと呼んでいた。ナチュラルヒストリー(自然史学)に勤しむ者という意味である。

ニュートン力学は、宇宙は神が定めた法則に従って動いているとのテーゼの下、自然法則の解明を目指した。ダーウィン以前の自然史学の目標も、生物界の諸現象に創造主が定めた自然の摂理を見出すことにあった。

ダーウィンは生物の適応という概念を導入することでその説明原理を変えた。しかしダーウィンの自然観は決して無機的なものではなかった。彼の原点は自然観察であり「自然界の序列において遠くかけ離れた存在である植物と動物が、複雑な関係の網の目によってどのように結ばれているか」(『種の起源』[3])、すなわち生きものが織りなす〈生かし生かされ〉の関係を鋭く見抜いていた。

季節がめぐる中で、花が咲き、種子が実り、葉は落ちる。美しい花や新緑を見ると心が癒される。考えてみれば不思議なことばかりだ。しかし、単に自然を愛でるだけでなく、もう一歩踏み出し、われわれの生活、地球を支えている植物の力も見直してみよう。そもそも主食であるコメやムギはもちろん家畜の飼料まで、われわれは植物に依存しているではないか。

そうした植物の活動を支えているのが光合成である。誰もが学校の理科で習ったことだが、緑の葉が日の光を受け、二酸化炭素(炭酸ガス)をデンプンやタンパク質などの有機物に変換するこの仕組みがあればこそ、われわれは生きていける。光合成という過程が進む中で、大気中の二酸化炭素も減らされる。つまり、地球温暖化の軽減にも貢献しているわけで、植物は二重の意味で恩恵をもたらしている。

だが、話はそれほど単純ではない。植物も呼吸をしており、酸素を吸収して二酸化炭素を出している。それ以外にも、植物体が死んで分解されれば、二酸化炭素が出る。

ダーウィンと同時代人で科学の普及にも熱心だった科学者のマイケル・ファラデー(一七九一～一八六七)は、名著の誉れ高い『ロウソクの科学』(4)の末尾近くで次のように述べている。

この木片の中の炭素も、すべて大気から得たものです。樹木も草もみんなそうしているのです。大気が炭酸ガスを運んでいます。炭酸ガスは、私たちにとっては有害ですが、植物にとっては有益です。同じものでも、毒にもなれば薬にもなるというわけです。地球上の生きものはみな、互いに依存し合っています。この自然は、どこかで誰かの役に立っている法則でしっかりと結ばれているのです。

そうたしかに、植物の大切さはよくわかる。しかし、植物に対しては、なんとはなしの偏見があるような気がする。動物と植物はどこが違うと問われれば、植物は動かないと反射的に答えてしまう。しかし待てよ、植物だって動いているではないか。蔓植物や大木は重力に逆らっている。もしかしたら会話だって交わしているかもしれない。

地球は今、大きな転換点にある。気候変動、森林破壊、新興感染症の猛威等々、いずれも相互に関連していそうな異変が進行中である。そのきっかけをつくった人類の愚行の開始時点に遡り、新しい地質年代として「人新世」を設定すべきだという動きまである。地球は過去に五回の大量絶滅を経験してきた。そして今、数多くの生物種が絶滅の危機にある第六の大量絶滅が進行中である。それもまた、人類の愚行によるものだ。しかしじつは、われわれ人類こそが絶滅危惧種なのかもしれない。

科学の発展により、生きものに対する理解は格段に深まった。しかしその結果として絶滅危惧種となったわれわれは、血の通った科学という原点に立ち戻るべきなのかもしれない。それは、路傍の花の前で立ち止まり、朝顔の来歴とその力学にしばし思いを馳せることから始めてもよい。本書はそうした道草の勧めでもある。

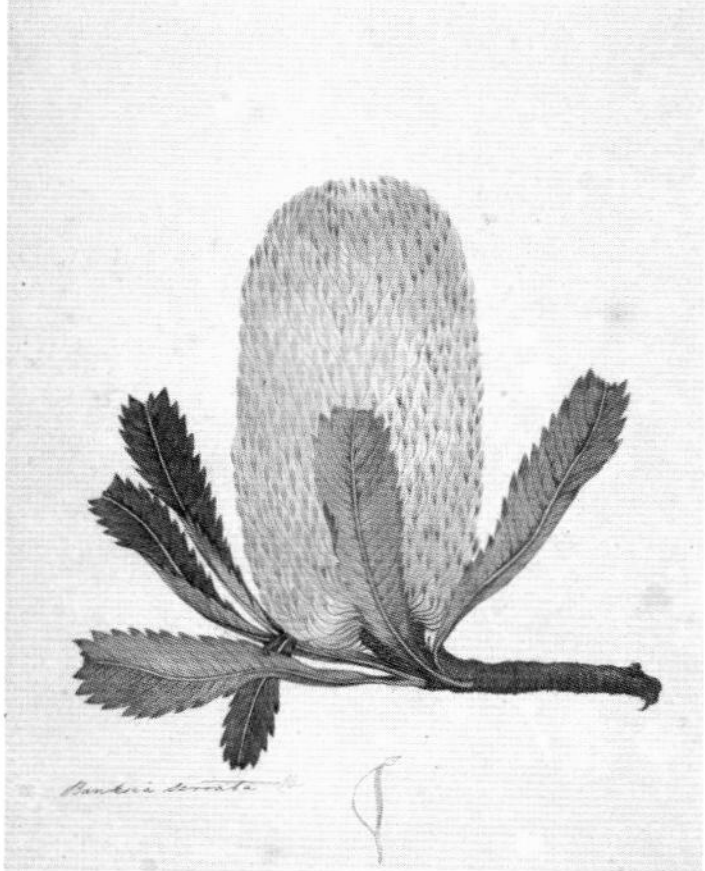

❶ バンクシア．ジョン・ルーウィン画(1803～08? 年の図版)． p. 14

❷ タケを手で握って食べるジャイアントパンダ．北京動物園にて筆者撮影． p. 41

❸ サラセニア(ムラサキヘイシソウ)．メアリー・ヴォー・ウォルコット画． p. 66

❹ ハエトリグサ．メアリー・ヴォー・ウォルコット画． p. 68

❻ アカツメクサに寄生するヤセウツボ．筆者撮影．p. 121

❺ ベニテングタケ．ビアトリクス・ポター画．p. 96

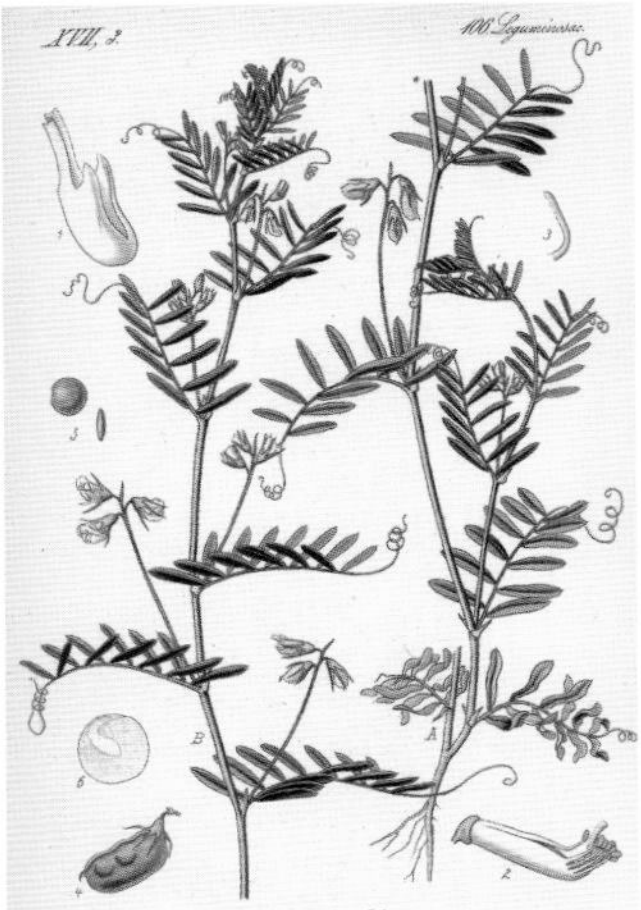

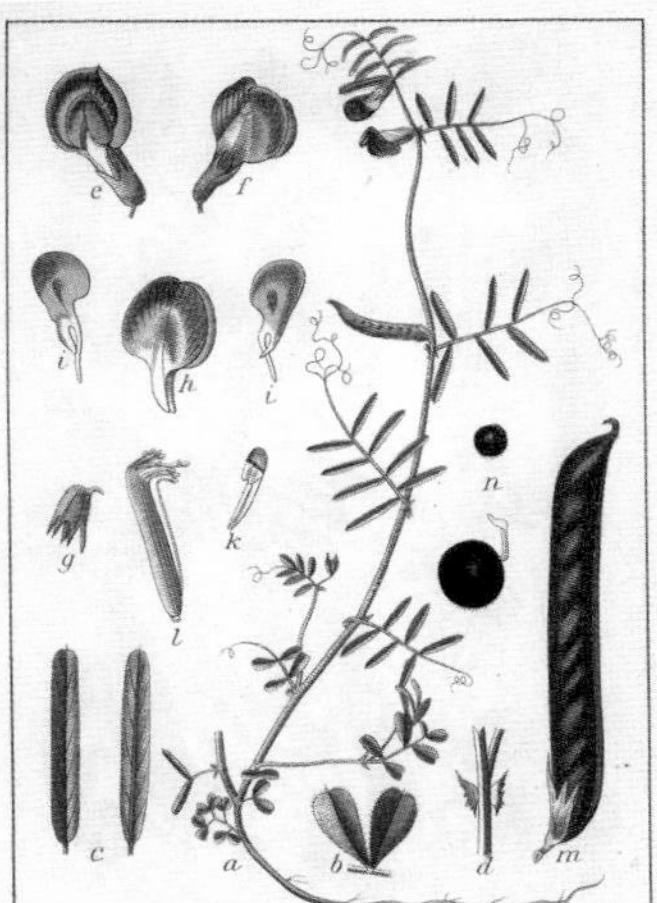

❼ ヴァヴィロフ型擬態．左はレンズマメ(1885 年の図版)．光学レンズはこの豆の形状に似ていることから「レンズ」と命名された．右はヤハズエンドウ(1796 年の図版)．ソラマメ属だが野生型の種子は球状で，レンズ型の種子は潜性形質．p. 142

〈生かし生かされ〉の自然史

目次

はじめに——朝顔の力学

I 生きるための知恵 1

1 生きる力 3

2 プロメテウスの贈り物 11

3 相方探し 23

4 キリンのくび、パンダの腸内フローラ 33

II 植物の妙計 43

5 ランの美しい誘惑 45

6 植物の奸計あれこれ 55

7 芳香とキューピッド 71

8 禁断の果実イチジク 81

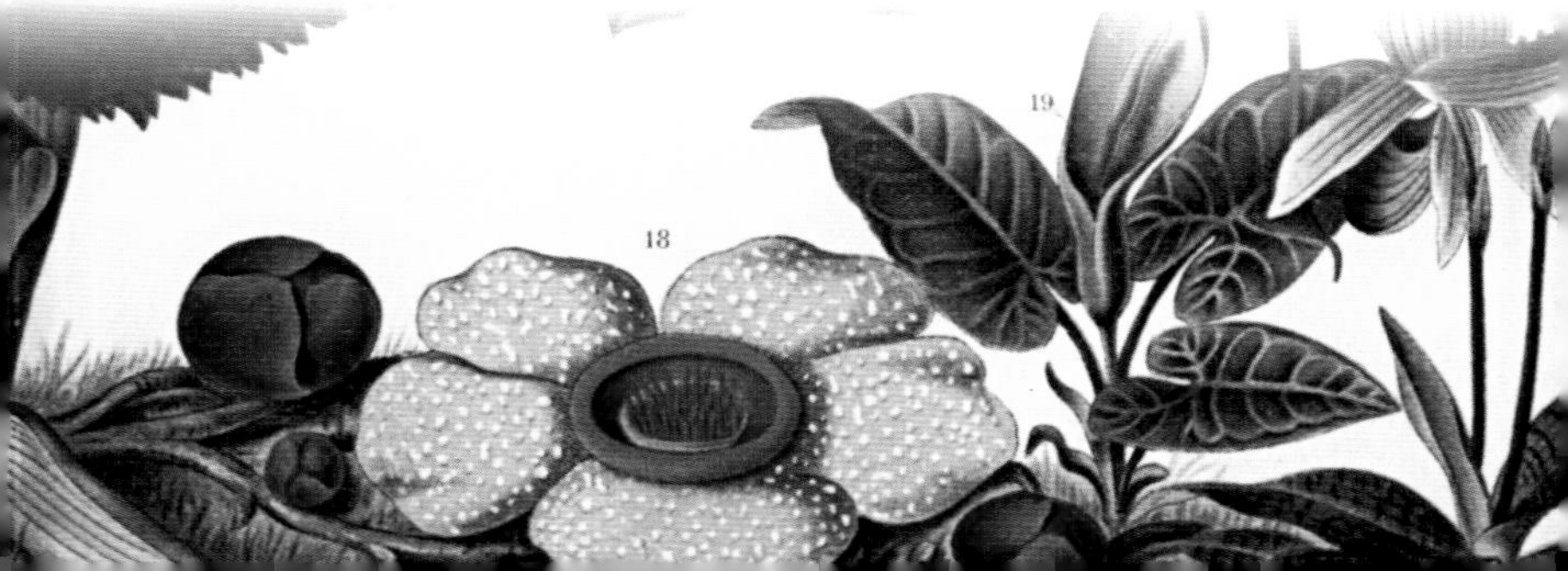

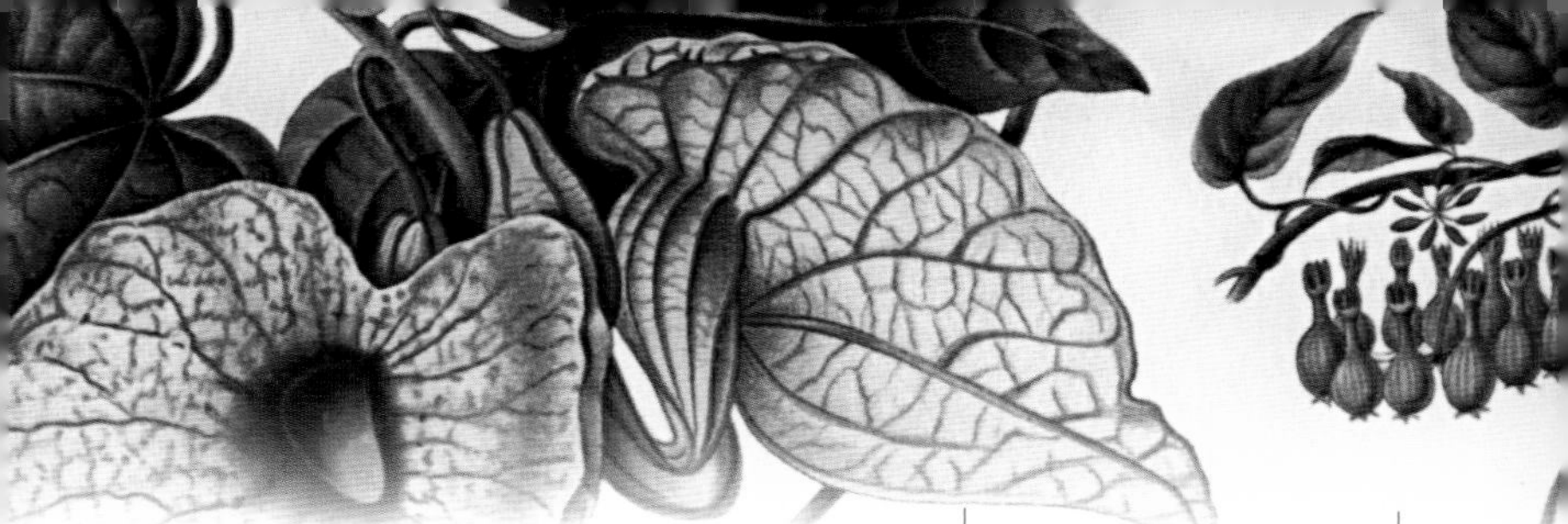

Ⅲ　共生の謎　93

9　菌類異聞　95

10　平和共存の森　105

11　緑の上陸作戦　115

Ⅳ　進化と生態系をめぐる綾　127

12　意外に保守的な文化戦略　129

13　雑草をつくる神の手　139

14　生きものたちの眠れぬ夜　145

15　カタールの青い芝　153

16　植物の底力と多様性をめぐる迷走　163

おわりに　177

注

装画

田島 環

「ポリフォニー 2024」

I

生きるための知恵

1 生きる力

かつて都心で暮らしていたとき、ベランダに鉢植えのレモンを置いていた。何気なく位置をずらしたところ、葉陰で憩うアゲハチョウ(ナミアゲハ)の終齢幼虫を発見。街中の住宅街の片隅にまで目配りをして産卵するアゲハチョウの健気さに感動した。

胡蝶の哲学

古代ローマの博物学者プリニウスが編纂した『博物誌』(七七年)には、チョウは朝日に温められた朝露から生まれるとの記述があるという。日本の伝説では、チョウは人の霊の化身だとされていた。幼虫から蛹《さなぎ》を経て成虫となる変態と転生とのアナロジーともとれる。

チョウをめぐる逸話といえば荘子の「胡蝶の夢」を思い出す。虫けらと己を同体と見なす発想は、生命の本質は同質であることを見抜いたものという穿った見方も可能かもしれない。あるいは、ときにはチョウの視点に立った自然の見方も大切という教訓とも。

今は二一世紀。チョウの産卵を朝露になぞらえるのはレトリックとしてしか許されない。アゲハチョウは、柑橘類の葉に含まれる一〇種類の化合物の組み合わせを感知して産卵する。この即物的な解釈を一九世紀イギリスの詩人ジョン・キーツ(一七九五〜一八二一)ばりに、科学のせいで詩情が奪われたと嘆く御仁ももはやいまい。

冷たい学問がちょっと触れるだけで
すべての魅力が逃げ去ってしまわないかしら?
かつて天には壮麗な虹があった。
いまはその横糸も織り目も明かにされ、
ありふれた物のつまらないカタログに組み入れられている。
学問は天使の翼をちょん切り、
定規で線を引いてあらゆる神秘を征服し、
精霊のたむろする空、妖精の住まう土地を空《から》にしてしまうだろう
——虹を解きほぐしてしまうだろう、かつて
たおやかな姿のレイミアを溶かして影にしてしまったように。

(ジョン・キーツ「レイミア」亀井俊介訳(1))

たとえば動物の行動。プリニウスはともかく、虫の観察家なら、科学などという言葉がまだない頃

から、アゲハチョウが灌木のあいだを飛び回りながら、葉にとまっては、前脚をトントンと動かす行動に気づいていたはずだ。その行動の真の意味を探るには、化学刺激という概念が必要だし、それ相応の分析装置なども必要となってくる。つまり素朴な観察から答えにたどり着くには、科学的知識の発展を待たねばならない事案は多い。

ただしだからといって、緻密な観察、ナチュラリストの慧眼を否定するものではない。虫の行動でいえば、かのアンリ・ファーブル(一八二三〜一九一五)の『昆虫記』を思い出すがいい。

狩りバチ

ファーブルは、たとえば狩りバチが獲物を捕らえ、あらかじめ用意した巣の中に運び込むさまを観察し詳述している。特に、毒針を獲物の急所にあやまたず刺し込んで麻痺させ体に卵を産み付ける本能的行動のすごさに関する記述には、何度読んでも驚嘆させられる。自然史的観察の真骨頂といえるだろう。

とはいえファーブルは、同時代人だったチャールズ・ダーウィン(一八〇九〜八二)の進化理論に対する反動もあってか、本能の不思議さを礼賛しすぎたきらいがあった。

それに対して、やはり卓越した自然観察家だったダーウィンは、複雑精緻な本能的行動も、もとを正せば単純な行動から発達したにちがいないと考え、進化理論に到達した。ファーブルも気づいていた、本能の完璧さを損なう、人間の目には間抜けに見える通り一遍の行動こそが、進化の道筋を明かす動かぬ証拠だと見抜いたのである。これによって本能的行動の説明原理は大きく様変わりした。

ダーウィン流動物行動学の開祖の一人、オランダ生まれでイギリスに移住した動物行動学者ニコ・ティンバーゲン(一九〇七〜八八)は、ツチスガリという狩りバチの造巣行動を観察した。ツチスガリは、ミツバチやコハナバチといったハナバチ類を狩る狩りバチである。狩った獲物は毒針を刺して麻痺させ、地面に掘った穴に隠して卵を産み付ける。ツチスガリの雌は、あらかじめ巣穴を掘っておいてから狩りに行き、獲物を持ち帰って巣穴に隠す。そのとき、雌バチは何を目印にして巣穴を見つけるのか。それを確かめるために、ティンバーゲンはエレガントな実験をした。

ティンバーゲンは、ハチは視覚的な目印で巣穴を覚えるに違いないと考えた。そこで、ハチが巣穴を掘っているあいだに、造巣中の巣穴を中心に周りを松かさでぐるりと取り囲み、ハチが記憶しそうな目印をつくった。そして、雌バチが狩りに出かけた隙にそれを取り払い、その横に、巣を取り囲んでいたのと同じ形に松かさを配してみた。すると獲物を持ち帰った雌バチは、はたせるかな移動させた松かさの輪の中心に舞い降りた(図1-1)。雌バチは、巣穴を取り囲む松かさで、巣穴の位置を記憶していたのだ(ティンバーゲンは何度も実験を繰り返したほか、匂いなど、別の要因が手がかりとなっている可能性を探る実験も試みたうえで、最終結論を出している)。

ティンバーゲンは、ほかにもさまざまな動物を用いた巧みな実験により、動物の精妙な行動も、本能的にプログラムされた機械的な刺激反応システムによってコントロールされていることを証明した。

ハーヴァード大学の大学院生だったドナルド・グリフィン(一九一五〜二〇〇三)は、一九四四年にコウモリの反響定位（エコロケーション）を発見した。暗闇の中、障害物を巧みに避けて飛ぶコウモリは、バンパイア伝説も宜《むべ》なるかなの謎に満ちた動物だった。それが、超音波による反響定位という「超能力」を駆使していることが、科学の目で明かされたのだ。かくしてグリフィンは、若くして動物行動学の大家となった。

ところが一九七〇年代後半、六〇歳を過ぎたグリフィンは動物の「心」を探る認知エソロジー（動物行動学）の研究に乗り出した。たとえば葉を紡ぐツムギアリの行動は、神経の機械的な信号伝達だけでは説明できない。要所要所で個々の働きアリが「思考」をめぐらせているとしか思えない、といったようなことを公言するようになったのだ(2)。

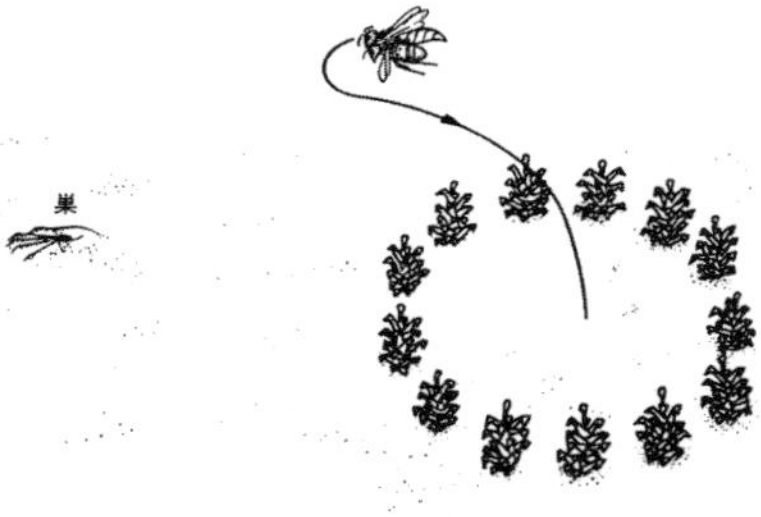

図 1-1　獲物を持ち帰った雌バチは，本当の巣穴でなく，松かさの輪の中心に舞い降りた．ティンバーゲン『好奇心の旺盛なナチュラリスト』（思索社，1980）より

グリフィンの言動は、時代錯誤の擬人主義だとの批判を招いた。しかしどうだろう。たしかにグリフィンの物言いは擬人主義的なところもあった。しかし、動物は、まだまだわれわれには予想もつかない能力を秘めている可能性を否定してはいけない、という戒めとして受け取ることも可能である。「思考」の中身を探ることこそが、科学に託された使命なのである。

これまでも、科学者の好奇心に突き動かされた探求により、見逃されていた細部に科学の光が当てられ、驚きのメカニズムが見つかってきた。しかしそれは、決して一足飛びに進化した能力ではない。生物界のあちこちで利用されてきた能力が、ある意味で継《つ》ぎ接《は》ぎされるかたちで進化してきた能力なのだ。これぞ、ダーウィンの説明原理にかなった発見である。

新たな発見を可能にしたのは測定装置の進歩だけではなかった。理論面、われわれの見方の進展も大いに貢献している。

ダーウィンは、社会性昆虫などに見られる利他行動の進化は、自然淘汰説では説明できないと考えた。社会性昆虫であるアリ、ハチ、シロアリなどのコロニーには、自分は繁殖せずに妹や弟の世話をするワーカー(働きアリ、働きバチ)と呼ばれる個体が存在する。自分の子孫を残すことこそが生物の至上命令であると考えていたダーウィンは、それらワーカー個体の存在をついに説明できなかった。

しかし、イギリスの進化生物学者W・D・ハミルトン(一九三六〜二〇〇〇)は、そのような利他行動も、ダーウィン流進化論と矛盾することなく血縁淘汰説によって説明できることを、一九六四年に明らかにした。

血縁度、あるいは同一遺伝子の共有率で計算すると、自分が繁殖して子どもをつくるよりも、繁殖せずに弟妹の世話をしたほうが、より多くの血縁個体あるいは遺伝子を残せる場合がある。その典型が、社会性昆虫のワーカーの存在であることを理論的に解明し、ダーウィンが悩んだ難問をみごとに解決したのだ。

むろん、ワーカー個体が自分と弟妹の血縁度を計算して行動しているわけではない。自然淘汰により、そのような行動をとらせる遺伝的な特性が選択された結果として、そうなっているのだ。

また、動物の行動を経済効率、ゲーム理論の観点から計算すると、きわめて合目的的な行動であることが見えてくる。ファーブルが感嘆した行動もそれに類する。ただしこれは、「動物は◯◯のために△△という行動をする」という目的論的な説明ではない。ダーウィン流進化論の教えでは、有利な資質が少しずつ選択された結果の集積として説明する。

ミミズの「知恵」

ダーウィンは、一八八二年四月一九日に亡くなる前年の一八八一年一〇月に、最後の著書『ミミズによる腐植土の形成』(3)を出版した。その主題は、ミミズが土を耕して循環させる活動が長期的に及ぼす効果にあった。あのちっぽけなミミズが、それなりの「思考力」をめぐらせながら、せっせと大地を耕しているというのだ。

広い芝生を見て美しいと感じるにあたっては、その平坦さによるところが大きいわけだが、それほど平坦なのは、主としてミミズがゆっくりと均したおかげであることを忘れてはいけない。そうした広い土地の表面を覆う腐植土のすべては、何年かごとにミミズの体内を通過したものであり、この先も繰り返し通過することを考えると不思議な感慨に打たれる。鋤は、きわめて古く、きわめて有用な発明品である。しかし、人類が登場するはるか以前から、大地はミミズによってきちんと耕されてきたし、これからも耕されていく。

(ダーウィン『ミミズによる腐植土の形成』)

地球上の生命はみな、生きるためにそれぞれの「知恵」をはたらかせてきた。しかも、単独では生きていけない。そのことを、今こそ噛み締めるべきだろう。

2 プロメテウスの贈り物

二〇二三年八月、ハワイ、マウイ島で山火事が発生し、八・八平方キロメートル以上に燃え広がって一〇〇名を超える犠牲者を出したことは記憶に新しい。なんとも痛ましい話で、手の打ちようはなかったのかと思うほかない。

それにしても近年は大きな山火事のニュースをよく耳にする。二〇一七年一二月四日には、カリフォルニア州ロサンゼルス近郊で森林火災が発生し、東のモハーヴェ砂漠から吹き下ろすサンタアナと呼ばれる乾燥した季節風に煽られて延焼を続けた。完全に鎮火したのは、一カ月以上もたった一月一二日のことで、焼失面積はおよそ一一四〇平方キロメートルに及んだ。焼け落ちた建造物は一〇六三棟に達しているという。さらには、樹木が焼失した地域の一部で大雨による土砂崩れが生じ、一三名が死亡するという二次災害が続いた。その周辺地域では、そのほかにも大規模な山火事が相次いで発生してきた。

森林火災と種の多様性

いったん火が付いた森林火災は制御が難しい。アメリカのイエローストーン国立公園で一九八八年秋に発生した森林火災は、東京都の総面積(二二〇〇平方キロメートル)を上回る三二一三平方キロメートルを焼き尽くした。

ただし、自然環境における自然発火は、ある意味で自然の営みの一環という見方もできる。イエローストーンでの研究によれば、森林火災後は、二五年間にわたって動植物の多様性が増加していく。しかし、森林が発達すると、林床に光が届きにくくなり、植生が単純になって生物多様性が減少に転じる。森林火災はその硬直状態を打開して、植生を初期化する役割を果たしているという。

そのような研究を受けて、イエローストーン国立公園管理事務所は、一九八七年以前は、公園内で発生する森林火災は生態系の健全な営みの一つであるとして容認する方針にしていた。火災によって植生が更新され、生物多様性が維持されるという解釈を採用したのだ。

その結果、一九七二〜八七年の間に二三五回の森林火災が発生し、延べ一三七平方キロメートルが燃えたという。しかし、一九八八年の大火は、観光客の宿泊施設のあるフェイスフル地区にまで迫ったため、さすがに静観するわけにいかず、懸命の消火活動がなされた。これ以後、同公園の森林火災対策は、人命および観光管理施設に被害が及ばない範囲内でなるべく容認するという方針に変わった。

全米省庁合同火災センター(NIFC)が、アメリカ合衆国における二〇〇〇年以降、年ごとの山火事の件数、平均焼失面積に関するデータを公開している(図2-1)。

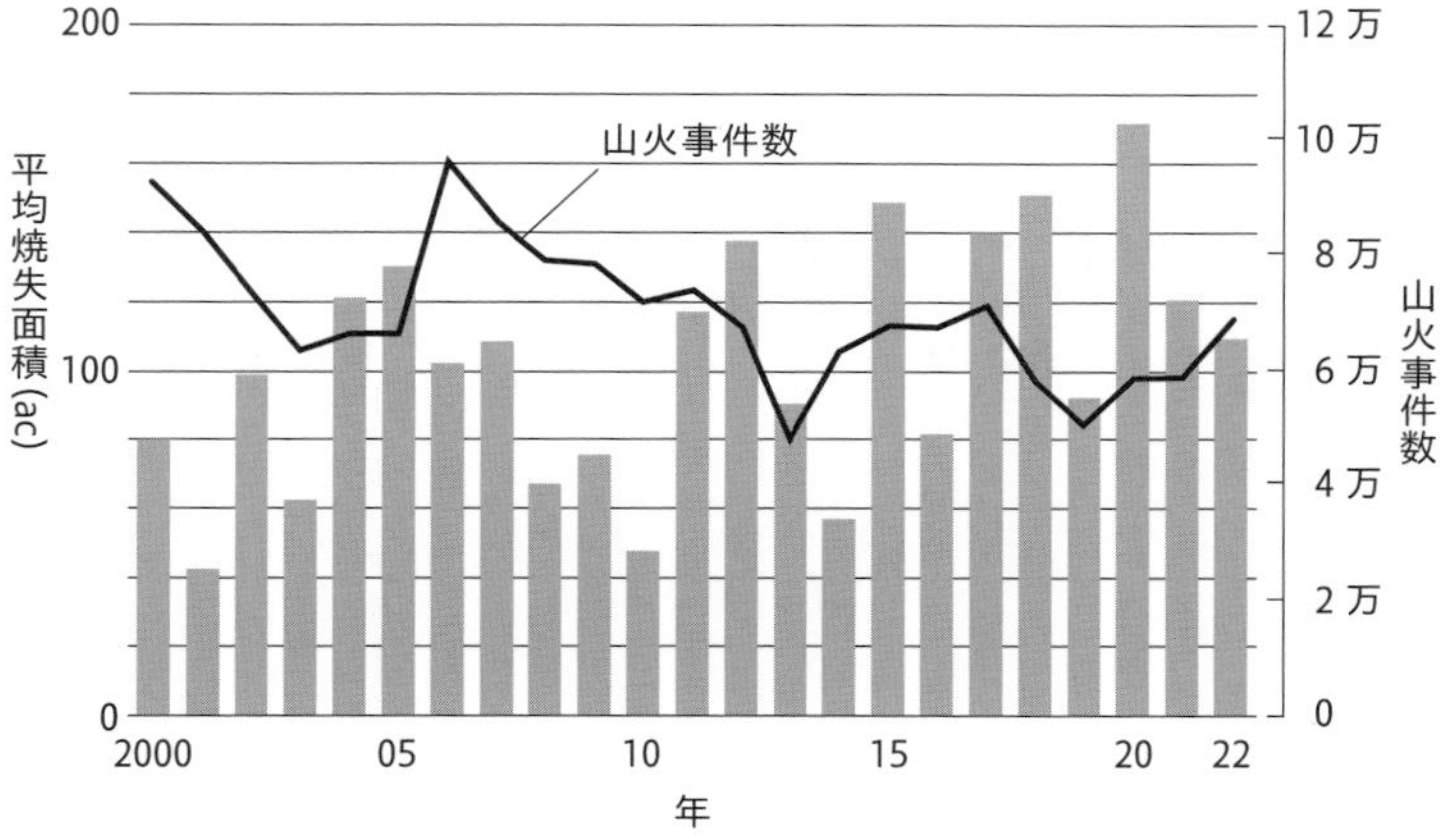

図 2-1　アメリカ合衆国における 2000 年以降の山火事件数(右目盛り)と 1 件当たりの平均焼失面積(左目盛り)[1]．1 ac＝約 4047 m^2

二〇二〇年は、五万八九五〇件の山火事で一〇一二万二二三六エーカー（約四万一〇〇〇平方キロメートル）が焼失しており、山火事一件当たりの平均焼失面積は一七一・七エーカー（約〇・七平方キロメートル）と特に大きかった。用心を重ねていても、気象条件しだいで、いったん火が出ると手の施しようがなくなりかねないのだ。

アメリカやオーストラリアなど、広大な森林や疎林を有する国には、森林火災の監視員を配置している地域がある。一夏にわたってただ一人、見晴らしのよい場所や高所の監視所で火災の発生を監視する孤独な任務だ。

誰もがあこがれる仕事というわけでもないだろうに、そんな監視員を演じるコンピュータゲーム Firewatch（ファイアー・ウォッチ）なるものがあるらしい。ワイオミング州の自然保護区の森林火災監視員になりきれるゲームだという触れ込みだ。商品のサイトから得た情報では、都会から逃れるようにしてこの仕事に就いたヘンリー（男性）が、上司デリラ（女性）の指示を無線で受けながら監視員の仕事をこなしていくというもの。無線を介して交わされるウィットに富んだ会話と、サスペンス仕立てのストーリー、そしてなにより大自然の映像が売りのようだ。興味のある向きはお試しあれ。

オーストラリアの火付け鳥

自然生態系のサイクルに、火事がよりはっきりと組み込まれているのがオーストラリアである。かつて多雨林に覆われていたオーストラリア大陸では、一五〇〇万年ほど前から乾燥化が始まった。それに伴い、火事が頻発するようになったとされている。

乾燥化によって多雨林が疎林に取って代わられ、落雷による自然発火がそれを定期的に焼き払うことで、草原から疎林、再び草原という遷移のサイクルが定着していった。それと同時に、火事に適応した植物も進化した。その最たる種がバンクシア(xページ・カラー図①)である。

キャプテン・クック(一七二八~七九)の第一回航海に同行した植物学者ジョゼフ・バンクス(一七四三~一八二〇)は、一七七〇年にオーストラリアに上陸し、多数の標本を持ち帰った。バンクシアにはバンクスの名が冠された。

およそ八〇種からなるバンクシア属の大半は、火事によって世代更新をする。その代表的な戦略は、硬い球果が、火に焼かれて初めて殻を開き、種子を地面に落下させるというものだ。樹木自体は燃えてしまうが、種子は焼け跡で発芽し、灰を肥やしにして成長する。

オーストラリアを代表する樹木ユーカリも、火事に適応している。ユーカリは、揮発性のオイルを大量に含んでいる。したがって、落雷や枝どうしの摩擦、人間の不始末などによってたやすく発火する。ところが、ある程度以上のサイズに成長したユーカリは、燃えて焦げても死ぬことはない。樹皮がキノ樹脂という物質を含んでおり、それが幹を火から守ってくれるのだ。

ユーカリは、火事が収まると、焦げた樹皮を破って若芽が伸び出す。シドニー近郊ブルーマウンテンズ国立公園のユーカリ林の燃え跡を訪ねたことがあるが、灰の中に林立するユーカリがいっせいに芽吹いている光景は壮観だった。

火事が重要な鍵を握っているオーストラリアの疎林と草原(ブッシュ)に適応しているのは植物だけではない。そもそもカンガルーからして、そのような環境に適応して進化してきた。かつてカンガルーは樹上性だった。今も、多雨林にはその名もキノボリカンガルーがいる。乾燥化に伴って広がったブッシュに適応するかたちで、ぴょんぴょんと跳んで移動するカンガルーが進化したのだ。

カンガルーは走って逃げられるからいいが、そんなに機敏には火から逃れられない動物もいる。ヒメウォンバットは、地中に掘った巣穴の中で火事をやり過ごす。焼け跡からは若芽がいっせいに芽吹く。特にイネ科の草はヒメウォンバットの大好物だ。

オーストラリアでは、森林や草原の火事はブッシュファイアと呼ばれている。本来、ブッシュファイアは自然発火によるものだった。しかし、およそ五万年前にヒトが東南アジア伝いに渡ってきたせいで新たな要素が加わった。狩猟採集民族である先住民が、ブッシュに火入れすることで、食用に適した植物の芽吹きを促すと同時に、ブッシュに隠れていた小動物を追い出して狩るようになったのだ。

西オーストラリアの乾燥地帯で暮らすマートゥと呼ばれる部族の人々は、知り尽くした土地を巧みに利用している。(2) 乾燥が和らぐ時期に、一部の土地に火入れする。すると、地中に掘られたオオトカゲの巣穴が見つけやすくなる。高齢者や女性はその巣穴からオオトカゲを追い出して捕まえる。

火入れする場所は、あちこちに分散した、延焼しにくい場所が選ばれる。その結果、人為的なブッシュファイアは、落雷で自然発火した場合よりも狭い場所だけに限定される。しかも、乾燥する時期の自然発火によるブッシュファイアが燃え広がることも事前に防止される。そして、野生生物の多様な生息場所がパッチ状に入り交じることで、全体の生物多様性も高まっていることが確認されている。先住民の生活は、生態系の中にしっかりと組み込まれていたのだ。

じつは、オーストラリア各地の先住民のあいだで昔から知られていた驚きの言い伝えがある。ブッシュファイアの際に、燃えた小枝を持ち運んで火事を起こす動物がいるというのだ。(3) その火付け犯は、チャイロハヤブサとトビだという。この二種の火付け鳥は、ブッシュファイアの縁で獲物を狙う姿がよく目撃される。しかし猟の成果が見込めないと、燃えさしをくわえるか脚でつかみ、獲物が多そうな場所に運んで火入れをするというのだ。狙いは、火に驚いて飛び出すカエル、トカゲ、ヘビなどだという。

この火付けが故意なのか偶然なのかは確証がない。犯行現場をとらえた映像もない。しかしこれは、昔から観察されてきた行動だという。それが事実だとしたら、火を操る動物が人間以外にもいたことになる。しかもそれは、オーストラリアのブッシュという生態系への適応の一環なのだ。ただし、かれらが自ら火を熾《おこ》すことはない。火熾しは、プロメテウスが人間だけに授けた知恵なのだから。

大型草食獣の絶滅が火事を拡大させた

二〇一九年三月の国連総会で、二〇二一〜三〇年を「国連生態系回復の一〇年」とすることが定められた。これは、失われた自然環境の回復保全、生物多様性の保全強化を謳《うた》った活動で、劣化した生態系の機能回復を目指すという。

生態系の機能回復というと土壌や水質、植生などの改善がすぐに思い浮かぶ。そして、植生を貪り食うような動物には白い眼が向けられがちである。しかし生態学者によれば、それはまちがっているという。アメリカ、オーストラリア、ヨーロッパの生態学者からなる国際研究チームは、生態系の回復保全を期すためには大型草食獣の活躍が無視できないと訴えている。(4)

その訴えの根拠の一つは、過去五万年間に地球上から多くの大型草食獣が姿を消すと同時に、植生に大きな変化があったというものだ。そこで研究チームは、野生大型草食獣の現在と過去の分布状況を比較し、かつて(すでに絶滅した)大型草食獣がいた地域に、よそからそれに相当する草食獣を再導入するための指針となる基準案を提案している。

一方、アメリカのイェール大学とユタ自然史博物館の研究チームは、植物食者の存在が火事を抑止しているのではないかと考えた。(5) 草食動物が植物相を刈り込むことで、結果的に火事の「燃料」を減らす働きをしているのではないかというのだ。しかもその効果は、木の葉食よりも草食の大型獣のほうが大きいと予想した。この仮説を検証するために選んだのが、五万〜七〇〇〇年前に世界的規模で起きた大型哺乳類の絶滅である。

およそ一万年前、北アメリカではマストドンやジャイアントバイソンなどの大型哺乳類が絶滅した。その原因については気候変動とそれに伴う環境変化、草原の焼失、クローヴィス尖頭器《せんとうき》という必殺の石器を開発したアメリカ先住民による狩猟などが候補としてあげられ、論争が続いていた。

その論争については、思わぬ有力証拠が見つかり、先住民説は旗色が悪い。思わぬ証拠とは、大型草食獣の糞に寄生する糞生菌の胞子である。インディアナ州の湖底の堆積物中から花粉や炭といっしょに見つかる胞子の量の経年変化を調べた結果、大型草食獣の減少は、従来の推定よりも早い一万四八〇〇年前から始まって一〇〇〇年以上にわたって続いたことが判明したのだ(6)。ところが、クローヴィス文化の開始は一万三〇〇〇年前である。つまり、大型草食獣の絶滅は、クローヴィス尖頭器が登場する以前に始まってほぼ終わっていたことになる。そして大型草食獣が消えた後の草原では大規模な火事が発生し、環境は姿を変えていった。

件のイェール大学ほかの研究チームは、その研究に想を得て、大型草食獣の衰退と火事の関係を世界規模で比較することにした。研究チームは古生物学のデータベースを用いて大陸別の絶滅規模を算出すると同時に、湖底の堆積物から得られている火事の痕跡(炭)との照合を行った。

その結果わかったのは、絶滅の規模では南アメリカが突出しており、五万〜六〇〇〇年前の間に草食獣の八三パーセントの種が絶滅していた。それに続いて多かったのは北アメリカの六八パーセントだった。それに対してオーストラリアは四四パーセント、アフリカは二二パーセントと比較的少なかった。そして大型草食獣の絶滅に続いて起こった火事の規模も、絶滅率が高いほど大きかったことがわかった。

陸上の環境は、およそ一万数千年前を境として変貌を遂げてきた。大型草食獣が姿を消した広大な草原を火事が焼き払い、それに代わっておそらくは森林が広がった。その森林は今、山火事という地球温暖化の洗礼を受けている。大型草食獣の衰退に人類も一役買っていたのだとしたら、自分が蒔いた因果が巡ってきたことになる。

失われた大型哺乳類の補完

過去の大型哺乳類の絶滅に人類が加担していたかどうかは定かでないが、今や人間活動による地球規模での大量絶滅が進行中である。その最大の原因は、産業活動が活発化した以降の環境破壊であり、そのことから人新世(じんしんせい、ひとしんせい：Anthropocene アントロポシーン)という地質年代の提唱もされている。古生物学の研究から、地球上ではこれまで五回の大量絶滅があったことがわかっている。オルドビス紀末(約四億四四〇〇万年前)、デボン紀後期(約三億七四〇〇万年前)、ペルム紀末(約二億五一〇〇万年前)、三畳紀末(約一億九九六〇万年前)、白亜紀末(約六六〇〇万年前)の五回である。現在の人為的な大量絶滅は六回目の大量絶滅にあたるのだ。今や人類は、地球環境にとって最大の敵ともいえる。

歴代の大量絶滅にはカウントされていないが、前述したように、一万数千年前には地上の大型哺乳類（メガファウナ）が各地で相次いで絶滅した。

旧大陸のマストドンやマンモス、新大陸では南アメリカにいたオオナマケモノ（メガテリウム）、巨大なアルマジロの仲間グリプトドン、オーストラリアにいた巨大なウォンバットの仲間ディプロトドン、カンガルーの巨大版プロコプトドンなどがその代表例である。

そうした大型草食獣が姿を消したことで、特に新大陸の生態系はその姿を変えたと思われる。栄養循環、一次生産、植生などが大きく変わり、火事が発生する頻度も増大した。というか、現在の自然環境の多くは、その頃に起きた激変によって形成されたものという言い方もできるかもしれない。

では、大型草食獣が消えたことで空いた生態的地位（ニッチ）はその後どうなったのか。通常、一万年程度では、大規模な進化は起こらない。となると、一時的に空白となったニッチは、絶滅を免れた種か、その後によそから移住した種によって占められている公算が大きい。

そこでアメリカ、オーストラリア、ヨーロッパの生態学者からなる研究チームは、大陸ごとに、かつて分布していた種と現生する種のうち、体重一〇キログラム以上の植物食哺乳類のリストをデータベースから作成し、絶滅種、生存種、移入種について、それらの体重、食性、生息場所、反芻《はんすう》動物かどうか、形態などの特性を比較した(7)。

俎上に載せた種は全部で四二七種。そのうちの一六〇種が一万年前以前に絶滅していた。北アメリカでは六七パーセント、南アメリカでは六五パーセント、オーストラリアでは六四パーセント、ヨーロッパでは五六パーセントの種が絶滅していたという。

その一方で、その後新大陸には、人為的に三三種が移入されていた。その結果、オーストラリアとヨーロッパでは五〇パーセント、北アメリカでは四六パーセント、アフリカでは四二パーセント、南アメリカでは二七パーセント、アジアでは一一パーセントの種数が回復していた。また、傾向としては、移入された反芻動物については、同じニッチを占める絶滅種よりも小型化していたという。反芻動物は消化効率がよいため、大きな体を保って基礎代謝を相対的に低くする必要がないからなのだろう。

絶滅した種に代わって同じニッチを占めた動物は、結果的に、一時的に失われていた一万年前以前の生態系を復活させる働きをしている。それらの種の移入にあたっては、積極的な導入ではなく、意図せずして野生化したものもある。

たとえば直近の例としては、南アメリカのカバがそうだ。もともとそれらのカバは、世に名高いコロンビアの麻薬組織メデジンカルテルの首領パブロ・エスコバルの私設動物園で飼育されていた。エスコバルが治安部隊によって一九九三年に射殺された後、カバはそのまま動物園内の池に放置された。動物園は大都市メデジンの東南に位置するドラダルという町にある。ドラダルはコロンビア最大の川であるマグダレナ川に接しており、カバは動物園からマグダレナ川へ脱出した。野生化した数はおよそ一〇〇頭に達し、なおも生息域を広げつつあるようだ。カバは水生動物のイメージが強いかもしれないが、日中は水の中で過ごしているものの、夜になると上陸して主に草を食べる草食動物なのである。

とはいえ、環境回復のために外来種、あるいは絶滅種の近縁種を積極的に導入することについては慎重であるべきだろう。なぜなら、生態系の挙動に関するわれわれの知識は、まだまだ限られているからだ。

3 相方探し

アリスが迷い込んだ不思議の国の住民として登場したことで、ドードーは不朽の存在となった。この作品で描かれなかったとしたら、ドードーのことを知っている人がどれほどいたことか。いや、もしかしたら逆にアリスのせいで、ドードーなる妙ちきりんな鳥は、完全にファンタジーの世界の存在と信じている人のほうが多いかもしれない。

ドードーは、インド洋に浮かぶモーリシャス島にかつて実在していた、体重が一〇キロはあったというハト目《もく》の飛べない大型の鳥である。しかし、オランダ人入植者による乱獲や持ち込まれた家畜やネズミのせいで、一六八〇年前後に絶滅してしまった。そのことから「ドードーのように死んでいる」(As dead as a dodo)という英語表現が生まれ、後に「確実に死んでいる」といった意味になった。

ほんとうのドードー像を探して

『不思議の国のアリス』(一八六五年)にドードーが登場したのにはわけがあった。アリスの作者ルイス・キャロルことチャールズ・ドジソン(一八三二〜九八)は、オックスフォード大学の数学講師だった。

そこの自然史博物館が、ドードーの骨を収蔵していたのだ。しかも吃音だったドジソンは、自分の名を口にするときに「ドードー、ドジソン」と発音しがちだったこともあり、ドードーにことのほか親近感を抱いていたといわれている。

『不思議の国のアリス』のオリジナル挿画を描いたジョン・テニエル(一八二〇〜一九一四)がドードーを描くにあたって参考にしたのは、オランダの画家ルーラント・サーフェリー(一五七八頃〜一六三九)が一六二六年に描いた絵(図3-1)だった。

この絵は、イギリスの鳥類学者ジョージ・エドワーズ(一六九四〜一七七三)が所有していたことから「エドワーズのドードー」と呼ばれている(現在の収蔵先は大英自然史博物館)。デブっとしていていかにも間抜けな飛べない大きなハトというドードーのイメージを定着させたのが、「エドワーズのドードー」だった。

サーフェリーは、一六〇四年に神聖ローマ帝国皇帝ルドルフ二世(一五五二〜一六一二)の宮廷画家となり、一六一二年の皇帝の死までプラハで仕えた。おそらく、皇帝の博物コレクションにドードーが含まれていたのだろう。サーフェリーは、「エドワーズのドードー」を含めて六点のドードー画を残している。

現在、ドードーの剝製は一つも残っていない。知られていた唯一の剝製は、前述のオックスフォード大学自然史博物館の前身であるアシュモリアン博物館が収蔵していたのだが、一八世紀に剝製がガの幼虫に食べられてぼろぼろになってしまったため、大学副総長の指示で火中に投じられてしまった

図 3-1　ジョン・テニエルが描いた挿絵のドードー（左）とルーラント・サーフェリーが描いたドードー（右）

といわれている。現在、オックスフォード大学自然史博物館には、ミイラ化した頭部と脚などの骨が保管されている。そして、エドワーズのドードーを参考に作製された模型と骨格標本も展示されている。

ドードーの骨格を初めて復元したのはダーウィンと同時代の解剖学者リチャード・オーエン（一八〇四〜九二）だった。一八六六年に行った復元では、「エドワーズのドードー」を参考に、いかにも鳩胸でずんぐりしたポーズを採用した。しかし、一八七二年には直立したスリムなポーズに修正した。とはいえ、いったん定着したイメージは簡単には覆せない。かつてのドードーの模型は、たいてい旧来のうずくまりポーズで復元されてきた。

しかし最新の復元模型では、もっとスリムで直立した姿になっている。羽色も「エドワーズのドードー」とは異なる。インドムガール帝国皇帝ジャハンギール（一五六九〜一六二七）のお抱え画家ウスタード・マンス

図3-2　ウスタード・マンスールが描いたとされるドードー(中央の鳥)

ール(生没年不詳)が一六二五年頃に皇帝の禽舎で飼われていたドードーを描いたものとされている絵(図3-2)に従っているのだ。この絵が再発見されたのは一九五八年のことだった。

ドードーと運命を共にした木？

インド洋上の孤島モーリシャスには、ドードー以外にもゾウガメなど、固有の動植物が多数生息していた。現在残っている種でも絶滅危惧種に指定されているものがいる。たとえばアカテツ科シデロキシロン属のドードーツリー(*Sideroxylon grandiflorum*)もそうだ。

モーリシャスを訪れたアメリカの環境保全学者スタンリー・テンプルは、島にはドードーツリーが一三本しか残っておらず、しかもいずれの樹齢も三〇〇年を超えているらしいという話を聞いた。

この木は果肉に覆われた硬い核をもつ果実をつけるのだが、めったに発芽しない。しかしかつては、ドードーが好んで食べていたという。ドードーは石を飲み込み、硬い実でも砂嚢《さのう》で消化して食べていたというのだ。ちなみに、かつてモーリシャスに立ち寄ったオランダの船員たちは、ドードーを捕まえて塩漬けの保存食にする一方で、ドードーが飲み込んでいた胃石をナイフの研ぎ石として重宝していたという。

そこでテンプルは、壮大な仮説を立て、一九七七年に「サイエンス」誌に発表した。[1] ドードーは、ドードーツリーの果肉を好んで食べ、その際に核にまで傷をつけて排泄することで種子散布に一役買っていた。逆にドードーツリーは、ドードーに食べられることでますます硬い核を進化させ、互いの依存関係を強化させた。しかし、ドードーが絶滅したことでドードーツリーは堅果に傷をつけて発芽の下ごしらえをしてくれる相方を失い、数を減らしてきたというのだ。

この、相思相愛の二種が運命を共にするというロマンチックな物語は一躍注目を浴びた。しかしわずか数年後、この仮説に対する反論が出た。島にはドードーの絶滅二〇〇年後以降に芽吹いた、樹齢が一〇〇年に満たない木もたくさんあるし、ドードーとドードーツリーのかつての生息地はあまり重なっていなかったのではないかというのだ。真実は藪の中だが、ドードーはすでにいないことと、ドードーツリーが絶滅危惧種であることだけはまちがいない。かつて、この二種に接点があったことを示す傍証もある。ドードーの半化石化した遺骸といっしょにドードーツリーの実の核が見つかることもあるのだ。さて、真相やいかに。

ソテツの実も熟れる頃

ドードーツリーに限らず、種子の散布に謎がある植物は意外に多い。

常緑の裸子植物であるソテツには、いかにも南国を思わせる風情がある。世界の熱帯、亜熱帯に分布するソテツ類(ソテツ綱)は、恐竜が繁栄していた時代に起源をもつ古いグループである。現在、三五八種ほどが知られているが、環境破壊や違法取引のせいで、その六五パーセントは絶滅が危惧されているという。

九州南部、南西諸島の海岸線に自生するソテツ(*Cycas revoluta*)は日本の固有種である。根にはシアノバクテリアが共生しており、マメ科の根粒菌のように空中の窒素を固定してくれるため、貧栄養の岩場でも生育できる。

幹や実にはデンプンが含まれているので、水によくさらして有毒成分を完全に取り除けば食用にもなる。琉球王国時代には、飢饉のときの代用食(救荒食物)として栽培が奨励されていたという。それと観賞用として、人為的に分布が広がってきたと思われる。

ソテツ類は雄花が発熱することでも知られている(2)。熱を発することで揮発性の匂いを撒き散らし、花粉媒介者を呼び寄せているらしい。食物の発熱現象はソテツ類に限ったことではない。しかし被子植物では、発熱期間は一日か二日程度であるのに対し、ソテツ類は、長いもので数週間にもわたって発熱が続くという。とはいえ、どのような動物が花粉を媒介しているのか、いや、そもそも風媒花ではないのかという疑問は残る。種子の分散はどのようにしてなされているのかについても。

唯一無二のソテツの相方は?

現生するソテツ類のほぼすべては地面に生えるのだが、木の幹に生える樹上着生性の種が一つだけ知られている。パナマ西部の雲霧林に生育するザミア・シュードパラシティカ(*Zamia pseudoparasitica*)

図 3-3　樹上に着生したザミア・シュードパラシティカ（Monteza-Moreno *et al.* 2022 より）

である（図3-3）。ザミア属の起源は、恐竜が絶滅する三〇〇〇万年ほど前の六八三〇万年前に遡るという。ほかにも樹上性の種がいたのかどうかは知る由もない。ザミア・シュードパラシティカは、樹上七～二〇メートルの高さの幹に着生しており、最大の謎は、その種子はどのようにして散布されているかだった。

パナマにあるスミソニアン熱帯研究所に集う若き研究者たちがこの謎に挑戦した[3]。ザミア属の共生微生物を比較研究していた植物学者と、動物の行動を研究していた動物学者がタッグを組んだのだ。動物学者が提供したのは、動物の体温を感知するとスイッチが入るトラップカメラの扱い方や、動物の習性に関する知見。植物学者の貢献は、ソテツ類に関する知識とロープに登高器をつけて木を登るツリークライミング技術。このように互いの強みを持ち寄るかたちで、ザミア・シュードパラシティカの雌株が実をつける一〇月末から三月末にかけて、三カ所の森の三株の雌花（図3-3中

図3-4　フサオオリンゴ(ナンシー・ホリディ画)

央に見られる大きな松かさ状)の前方一・五〜二メートルの位置にトラップカメラを仕掛けたのだ。

ザミア・シュードパラシティカの雌花は高さ五〇センチメートル、直径一二センチメートルにもなる。種子は、ザクロの実のように、黄色いねばねばした肉質種皮で覆われている。熟すと酸っぱいような匂いが、ねばねばが人の皮膚に触れると痒みを感じるらしい。種子は、長さ二・五センチメートル、直径一・五センチメートルに成長する。

さてそこで、カメラにはいかなる犯行現場が記録されていたのだろう。確認された哺乳類は、フサオオリンゴ(図3-4)とキンカジュー(共にアライグマ科)、セジロウーリーオポッサムとロビンソンマウスオポッサム(共にオポッサム科の有袋類)、コアリクイ、ノドジロオマキザル、コビトリス類の七種だった。

このうち、コアリクイ、コビトリス、ロビンソンマウスオポッサムの確認例はそれぞれ一回で、しかも通過しただけだった。したがってこの三種は、とりあえずは白。ノドジロオマキザル、セジロウーリーオポッサム、キンカジューは、未熟な球果を調べ、その基部を舐《な》めたが、種子をとることはなかった。三カ所すべての現場に出現したのはフサオオリンゴただ一

いう。

近くの枝にマーキングまでした。そして種子が熟して球果が開くと、訪問の数も滞在時間も増したと

種だけだった。それぞれ何度か出現し、雌花を調べまわして種子をとろうとした。しかも雌花やその近くの枝にマーキングまでした。そして種子が熟して球果が開くと、訪問の数も滞在時間も増したという。

そのほか、日中の地上からの観察では、嘴の大きなアオハシコチュウハシという鳥がザミア・シュードパラシティカを訪れ、熟した種子を引っ張り出し、砕いて食べるのが確認された。

以上の結果から推理すると、ザミア・シュードパラシティカの種子散布を担っている候補としては、フサオオリンゴが最も有力ということになる。アライグマ科のフサオオリンゴは、樹上生活をしながら果実を食べている夜行性哺乳類である。しかもトラップカメラの映像では、ザミア・シュードパラシティカの周辺にマーキングをして所有権を主張したうえで、種子が熟したかどうかを確かめるために巡回し、熟した種子を口に入れて持ち去る姿が確認されたというではないか。ほかに、種子を採取した哺乳類はいなかった。アオハシコチュウハシは、その場で種子を砕いて食べてしまったのだから、散布者の資格はない。

それでもいくつか疑問は残る。ザミア・シュードパラシティカの有害成分は、種子とその種皮を口にしたフサオオリンゴや樹液を舐めた他の動物には無毒なのかどうか。フサオオリンゴは、種皮だけを食べて種子は捨てるかそのまま排泄するのか、あるいは種子を樹皮の隙間やウロに隠し、そのまま忘れてしまうこともあるかもしれない。もしかして、種子も噛み砕いてしまうのだとしたら、種子散布の効率は悪くなる。

いずれにしろこの調査をした研究者らは、フサオオリンゴを有力容疑者として名指ししつつも、証拠不十分として断定は避けている。固定カメラで得られた証拠だけでは、フサオオリンゴの行動を追えないからだ。

江戸川乱歩の掌編「屋根裏の散歩者」は、人生に飽きた青年が下宿館の屋根裏を徘徊しながら下宿人の私生活を覗き見するうちに、大口を開けて寝ている住人の口に、天井の節穴からモルヒネを垂らして殺害し、完全犯罪を成就したと悦に入る物語である。そこに名探偵明智小五郎が登場し、犯人と目星をつけた相手に、天井裏の犯行現場にお前のシャツのボタンが落ちていたとでっち上げの証拠を突きつけ、自白を引き出す。

それでは、現実のパナマの森の樹上の散歩者の尻尾を掴むにはどうすればよいのか。研究者らは、ザミア・シュードパラシティカの種子に蛍光物質を仕込み、種子の行方を追跡できないものかと思案している。

4 キリンのくび、パンダの腸内フローラ

二〇一六年に鬼籍に入ったイタリアの記号論学者ウンベルト・エーコの肩書きとしては『薔薇の名前』の著者といったほうがわかりやすいかもしれない。時代は中世、舞台は北イタリアにあるカトリック修道院。そこで修道僧が次々と謎の死を遂げる。それをイギリス人でフランシスコ会修道士ウィリアムが、シャーロック・ホームズよろしく事件を解決するという筋立てだ。原作も話題になったが、ショーン・コネリー主演の映画化作品もヒットした。

オッカムのカミソリ

碩学として名高いエーコが盛り込んだ趣向の一つが、主人公である修道士ウィリアムのキャラクター設定である。これには実在のモデルがいて、一四世紀イギリスのフランシスコ会修道士で哲学者だったオッカムのウィリアム(一二八〇頃〜一三四九頃)といわれている。

この人物は、「オッカムのカミソリ」という論理学の原理を提唱し実践したことで知られている。ある事柄を説明するにあたっては、最小限の仮定ですませるべきだという金言がオッカムの原理であ

る。まあ早い話、A地点からB地点に行きたい場合、あれこれ寄り道せずに最短距離を行けという教えのようなものだ。当たり前といえば当たり前だが、何かと雑音や誘惑の多い世の中のこと、実践は意外と難しい。

オッカムの原理は、日常生活よりもむしろ科学の世界で重視されている。この原理は、たとえば似たようなデータを説明する仮説が複数ある場合、より単純な仮説を選択すべきだという指針として言い換えられる。

かのアイザック・ニュートン(一六四二〜一七二七)は、自然現象はできるだけ同じ原理で説明すべきだと語ったという。なるほど自らも惑星の動きとリンゴの落下を万有引力の法則で説明することに成功した。ついでにいうと、天地創造の神を信じていたニュートンは、神は最初に自然法則を定めた後、その後の自然現象には介入していないという理神論の立場をとっていた。まあたしかに、あちこちのリンゴ園でリンゴが落ちるたびに神が手をかざしていたのでは忙しくてしかたない。

ニュートンは、神の存在を信じる理神論者ではあったが、機械論的自然哲学者でもあった。物理的な現象を構成要素に還元し、その法則性を探ったのだ。それは、アリストテレスの呪縛からの脱却でもあった。

アリストテレスの自然観は、自然界の事物は何のために存在するかを追究する目的論哲学だった。これはたとえば、リンゴが落ちるのは重力のせいだというべきところを、重力はリンゴを落とすためにあるというような論法である。物理学の世界では機械論に取って代わられた目的論は、自然神学で継承され続けた。それは、時計を見たらそれをつくったのは時計職人であることがわかるように、たとえば生物の合目的的なあり方はその作者である神の存在をうかがわせるものだとする考え方である。目的論のすべてが悪いというわけではない。生物の適応は、目的論に照らすと理解しやすい。自然界のみごとな調和を愛で、賞賛する分には目的論で十分である。たとえばキリンの長いくび。あれは、高い梢の葉を食べるためにヽヽ便利であり、そのためにヽヽ長い、と思わず言ってしまいたくなる。

この論法を生物学から追いやったのがダーウィンだった。自然淘汰説によれば、たまたまくびの長い個体が有利だったため他よりも多くの子孫を残し、その傾向がしだいに助長されて今のキリンになったということになる。自然淘汰の原理は目的論的だと批判されることがあるが、偶発的に生じる遺伝的変異という素材のなかから、たまたま生存価の高いものが選択されるとするのが自然淘汰の原理であり、高い梢の葉を食べるという「目的」のために長くなったとは説明しない。

もっとも、もともとダーウィンは、ケンブリッジ大学で自然神学を学び、生物のみごとな適応のさまに感服していた。しかし、ビーグル号に乗船して見聞を広めるうちに、自然神学的な目的論に依ることなく自然現象を説明することの必要性に目覚めた。そして、合目的的に見える適応がどのような仕組みで実現されたかにこだわり、自然淘汰説を提唱するに至ったのだ。

キリンの胸骨の転用

キリンの主食は、アフリカの草原(サバンナ)に生えるマメ科の高木アカシアの葉である。サバンナには多様な植物食動物が暮らし、葉や茎を食《は》んでいる。

アンテロープ類、ヌー、シマウマなどは、同じイネ科の草を食べているように見えるが、じつはそれぞれ、草の異なる部分を食べ分けていて、それに適した唇、歯、消化器官の構造を進化させている。そうやって食べ物を食い分けているのだ。しかもイネ科の草は、成長点が葉の先端ではなく茎の根元近くにあるため、葉を食べられても成長はさして阻害されない。これぞ、タフな雑草になるための合目的的な進化だ！　と、思わず言いたくなる。それはともかく、そのおかげで、サバンナの草食動物相は豊かなのだ。

キリンは草食いではない。木の葉食である。サバンナにはほかにも木の葉食者がいる。その代表が、くびと脚がすらっと長いアンテロープ類ジェレヌクだ。主食はキリンと同じく木の葉である。ただしそれほど高くない梢の。ジェレヌクは、後ろ脚で立ち上がれるため、高さ二メートルくらいまでの葉を食べられる。そのあたりの高さで、キリンと食べ分けている。

キリンのくびは見てのとおり長いが、頸骨《けいこつ》（頸椎《けいつい》）は他の哺乳類と同じで七個しかない。骨の数を増やしてくびを伸ばしたのではなく、個々の骨のサイズを長くしたのだ。一個の頸椎が三〇センチメートルにもなることがあるという。キリンの身長は雄のほうが雌よりも高い。雌雄間でも、高さの異なる梢の葉を食べ分けている。一説では、雄は頭を上げて、なるべく上方の葉を食べるのに対し、雌は頭を下に向けて目の下にある葉を食べる傾向があるともいう。

キリンは脚も長い。これは背を高くする点でも、脚を速くする点でも有利な特徴である。しかし問題は、水を飲むときである。水はめったに飲まないというが、それでもたまには飲む。脚を大きく開き、くびを下げて飲むしかない。

二〇一六年にキリンの水飲み問題に関する大発見があった。東京大学の郡司芽久（現在の所属は東洋大学）と遠藤秀紀博士が、動物園で死んだキリンの遺体を解剖し、くびの付け根に特殊な構造を見つけたのだ[1]。いちばん下の頸椎が接続（関節）している胸骨（第一胸椎）が動きやすくなっていて、いうなれば八番目の頸椎の機能を果たしていたのである。胸椎には肋骨が関節しており、本来ならば胴体にがっちり固定されて動かない。ところがキリンの第一胸椎は肋骨との関節のしかたが他とは異なるうえに、筋肉の構造も特殊化している。そのため、八番目の「頸椎」として動くことが可能となっていたのである。

水を飲んだあと、頭を持ち上げたキリンはなぜ、貧血にならないのだろう。これについてはずいぶん前に解明されていた。くびの静脈に弁があって、血が一気に下がらないようになっているらしい。なんともはや、自然は粋なはからいをするものだ。いやむろん、そうした装備一式を備えることができたからこそ、キリンはサバンナを闊歩してきたのである。

エーコは『薔薇の名前』という書名に深い意味を潜ませた。一本のバラをバラと呼んだ瞬間に、その個性は消えてしまう。しかしそのバラは、その人にとって特別なバラだったかもしれない。ＳＭＡＰのヒット曲「世界に一つだけの花」ではないが、一本いっぽんの花には個性があるということか。キリンはキリンだが、今のキリンに進化したのは、個々の個体がもつ遺伝的な変異に自然淘汰が働いた結果である。そうか、自然淘汰説は「麒麟の名前」の意味を問うことでもあるのかな？

竹林のクマ

タケは地下茎で殖える。地下茎から出る新芽がタケノコ。そういうわけで竹林全体が一つのクローン個体だったりする。タケの一斉開花《いっせいかいか》とそれに続く枯死は有名だが、すべての種、すべてのクローンがそうだというわけでもないようだ。一斉開花に続き、その種子を食べたノネズミが大発生するという話もあるが、真偽はどうなのだろう。ただ、食物が多ければ、それを食べる動物が増えるというのは納得できる話ではある。ただしマダケは、開花しても種子は実らないようだ。

クローンで殖える無性生殖は、どんどん殖えるには悪くない方策である。植物につくアブラムシ（アリマキ）は、翅のない雌だけを産む無性生殖でクローンをどんどん殖やし、越冬前になると雄も産んで有性生殖をし、翅のある個体が越冬場所へと飛び立っていく。

考え方によっては、タケも開花して種子をつければ、種子をどこかに運んでくれる動物によって分布を広げることができるだろう。ただ、有性生殖はなぜ必要なのかについて、生物学でもまだ意見の一致を見ていない。かつては環境の変化に対応できる遺伝的多様性を確保するためと説明されていたが、今は否定されている。むしろ、病原体や捕食者との進化レースを勝ち抜くためという説が有力だ。敵を常に出し抜くための遺伝的多様性を確保することで、全滅させられるリスクを回避するという保障的意味合いが重視されているのだ。

どこのタケも六〇～一二〇年ごとに一斉開花して枯死するとしたら、生息域が限定されている件のジャイアントパンダも道連れにされかねない。それにしても、タケはタケノコを別にすれば、茎も葉も、さして栄養がありそうにないのに、なぜそんなものを主食にする動物が進化したのだろう。

じつは、ジャイアントパンダについては、ぼくは一時、勘違いを抱えていた。今を去る五〇年前、モスクワ動物園ではアンアンという名のジャイアントパンダが飼われていた。一九七〇年にマガジンハウス(当時は平凡出版)から創刊された女性誌「アンアン」には、パンダマークが掲げられていた。それに対抗して、集英社からは「ノンノ」が創刊された。それでどこをどう勘違いしたのか、ノンノはロンドン動物園で飼われていたジャイアントパンダの名前だと早とちりしたのだ。しかも雑誌名も「ノンノン」だと思い込んでいた(なにしろ縁のない雑誌だったもので)。

事実は違っていた。ロンドン動物園のパンダの名前はチチだった。おまけにノンノンは、ムーミンのガールフレンドの名前である。「アンアン」という誌名は公募で決まったという。名付け親の高校生は、語呂がいいので選んだというが、社内では事前にパンダの名前から有力候補としてノミネートされていたという。

一方の「ノンノ」は、アイヌ語で「花」という意味だとか。しかし素直には信じがたい。「アンアン」に対抗するために、ムーミンの彼女の名前を参考に、大義名分を後付けしたような気もする。

ロンドン動物園のチチとモスクワ動物園のアンアンは、当時はまだあった鉄のカーテンを取り外し、二度のお見合いをした。ちなみにこの二頭、日本語のイメージに反して、チチが雌で、アンアンが雄である。お見合いは、結局うまくいかなかった。そもそもジャイアントパンダの繁殖力が弱いことは周知の事実ではある。

ジャイアントパンダの気難しいところは、異性の好みだけではない。パンダは偏食で、主食がタケやササなのだから。

偏食の起源は謎

パンダはクマの仲間なのに、なぜそこまで特殊な植物食者になったのだろう。形態学的には、パンダの歯や消化器は、肉食動物の特徴を残したままである。ウシやウマなど、草食動物を思い起こしていただきたい。歯は臼歯が多いし、腸は長い。ウシは反芻胃《はんすう》までそなえている。それに比べて肉食動物の歯や消化器は、繊維分の多いタケを食べるには不向きである。そうなると、なるべくエネルギー消費を抑え、とにかく大量に食べ続けるしかない。なにしろ食べたものの大半は消化されないかもしれないのだから。

ただし一点だけ、パンダが特殊化した部分がある。タケを握ることのできる手の構造を進化させているのだ。

パンダの写真を見ると、タケを握ってむしゃむしゃと食べている。ところがパンダの手の指は、五本が一列に並んでいるだけである。これでは、手のひらを閉じても、指でタケを握ることはできない。ところが、親指と小指それぞれの外側に、長く伸びた骨の突起があるのだ。いうなれば七本指。手のひらを閉じると、五本の指とこの二本の骨で、塩梅よくタケを握ることができるという仕掛けである（xページ・カラー図②）。自然も粋なはからいをするものだ。

パンダの前足には六本目の「指」があることは以前から知られていた。親指の外側にある、橈側種《とうそくしゅ》子骨《しこつ》という骨が大きくなっているのだ。アメリカの著名な進化生物学者スティーヴン・ジェイ・グールド（一九四一～二〇〇二）は、自然がゼロから何かを生むことはない、進化はあり合わせの材料の転用によって起こってきたという主旨で「パンダの親指」というエッセイを書いた(2)。その時点では、七本目の「指」はまだ見つかっていなかった。

七本目の指を見つけたのは、キリンのくびの仕掛けを解き明かした一人でもある遠藤秀紀博士（当時の所属は国立科学博物館動物研究部）。上野動物園で飼われていたホアンホアンが一九九七年に死んだとき、遺体を解剖して手のＣＴスキャンも撮影して発見したのだ。

それにしても、そこまで小手先を利かせて偏食に特化しているのに、消化器系の特化はしていないとはどういうわけなのか。ならばせめて、腸内細菌くらいは豪華なラインアップなのだろうと思いたいところだ。

そこで、中国の科学者が野生と飼育下のパンダのウンチを調べ、その結果を公表した(3)。それでわかったのは、何も特別なことはないという意外な事実だった。ウシやウマなどの腸には、植物繊維を分解する特殊な微生物が共生している。ところがパンダは仲間のクマと同じような腸内細菌しかもっていなかった。

ジャイアントパンダについては、三〇〇万年前の化石が見つかっている。われわれホモ・サピエンスは、たかだか三〇万年の歴史しかない。パンダよ、三〇〇万年のあいだ、いったい何をしていたんだと、思わず言いたくなる。「大熊猫の名前」をあえて問う必要がないほど無個性だったということなのか？　まあ、進化は万能ではない。少なくとも進化には間に合わせのブリコラージュ（器用仕事）しかできないという生きた見本という尊い任務を果たしてはいるわけだ。

II

植物の妙計

5　ランの美しい誘惑

繁殖は生物の至上命令である。どの生物も、あの手この手で自分の子孫を少しでも多く残そうとしてきた。春先のスギ花粉症は悩みのたねだが、それも、花粉を風に乗せてできるだけ広く散布し、たくさんの雌花に受粉したいという、スギの雄花の繁殖戦略なのだ。

謎の擬態

イギリスのケント州ダウンの地に居を構えていたチャールズ・ダーウィンは、自宅周辺の自然を観察し、さまざまな実験に手を染めていた。その一つが野生ランの受精に関する研究で、一八六二年には『ランの受精』という本を出版している。

なかでも注目したのがオフリス(*Ophrys*)という属名をもつランだった。オフリスとはギリシャ語で「眉毛」という意味である。この種類のランの花は、ぽっこりと膨らんだ唇弁《しんべん》と呼ばれる花弁(花びら)をもっており、その縁に細かい繊毛が密生している。それを眉毛に見立てたのだろう。唇弁全体は、どこかしら虫に似ている。それもハナバチに似ているものが多いことから、Bee orchid すなわちハナバチランとも呼ばれている（図5-1）。

なぜそのような形状をしているのだろう。それは虫、それも特に雄バチをそこにとまらせるために発達したといわれている。唇弁を雌バチと間違えた雄がそれに抱きついたときに、花粉塊をくっつけて別の花に運んでもらおうというのだ。

甘い誘惑といおうか、憎い奸計とでもいおうか。花粉塊は粘着剤を付けた棍棒のようにぺたりと背中に貼り付く。

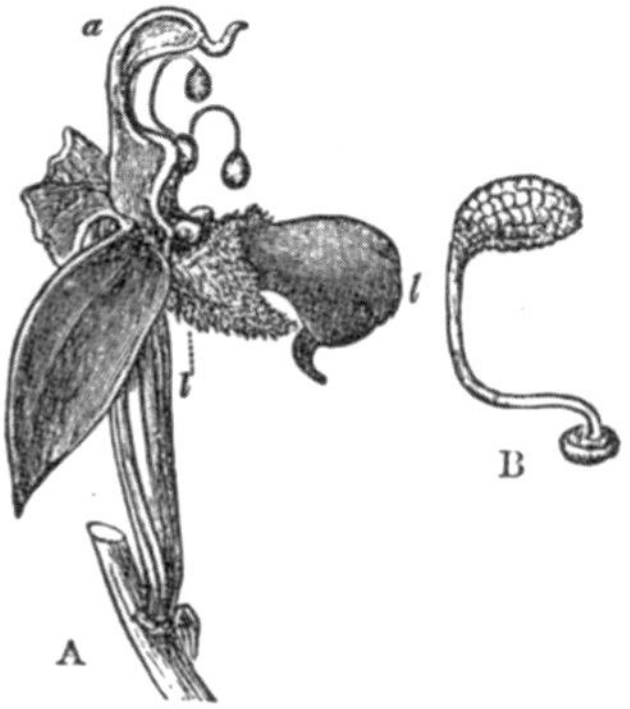

図5-1　ハナバチラン *Ophrys apifera* の花(A)と花粉塊(B). *l* がハチに模した唇弁(ダーウィン『ランの受精』1862 より)

ただし人間の目にはハチには見えない擬態もあるようだ。英語名で、フライ（ハエ）・オフリスはまだしも、フロッグ（カエル）・オフリス、スパイダー（クモ）・オフリス、バタフロイ（チョウ）・オフリスなどの種類があるのだ。スパイダーもカエルも、ハナバチにとっては天敵である。さて、実際にはどんな種類のハナバチに似ているのだろう。

ランの擬態は、形態だけにとどまらない。眉毛に見立てられる繊毛は、ハチの体を覆う繊毛に相当するもので、触覚的な擬態でもある。じつは、そこには見ていただけでは感知できない狡知も隠されている。雌バチの性フェロモンに似た化学物質を分泌している種類もあるのだ。

性フェロモンとは、同じ種の雌雄間で交わされる化学信号物質のことである。かつてかのアンリ・ファーブルは、遠くから雄のガを引き寄せる雌は、何らかの匂い物質を発散することで雄を誘っているのではないかと考えた(第7話参照)。夜のチョウならではの妙計である。人間界でも思い当たることがあるかも。

唇弁が特にハチに似ているオフリス・アピフェラ(*O. apifera*)を観察したダーウィンは首をひねった。この花を訪れる虫がほとんどいないのだ。擬態にこれほど念を入れているのに、いったいどうしたことなのだろう。

ためしにこのランを室内に持ち込み、網で覆ってみた。虫も花粉も通さない状況を設定したのだ。するとオフリス属としては例外的に自家受粉をしたではないか。精妙な擬態は、いったい何のための適応だったのか。

あるナチュラリストは、大きなハチそっくりな唇弁は、いろいろな虫がいたずらに近づくのを追い払うための装置なのではないかと考えていた。しかしダーウィンの推理は違った。このランはある時点で自主独立をはかり、自家受粉の能力を手に入れたのだろうというのだ。いや、たまたま自家受粉の能力を手に入れたればこそ、このランは存続しえたのだろうと。

たしかに、他のハナバチランでは、花の構造が自家受粉を妨げるような配置になっている。ところがオフリス・アピフェラだけは、自家受粉しやすいように、花の構造が変化している。ただし、ときには他家受粉も許す緩さも残したまま。

地中海付近に自生するオフリス・アピフェラには、現在、イギリスには分布しないヒゲナガハナバチ属(*Eucera*)という種類のハナバチが訪花することがわかっている。それが本来の花粉媒介昆虫なのかどうかはわからない。たまたまなのかもしれない。あるいは、オフリス・アピフェラは、自家受粉の能力を手に入れたおかげで、媒介種のいない北の地にまで分布を広げられたという推理はどうだろう。いや、いささか考えすぎかな。

われわれはつい、自然の叡智という言い方をしたくなる。自然が熟慮を働かせているというわけではないはずだが、いつもわれわれの意表を突くという意味では正しいともいえる。しかしただ一つ、自然が生きものに課した至上命令が繁殖だという点だけは、われわれの認識に間違いはないだろう。

長い距には長い口吻

ダーウィンのラン研究は不思議な因縁も生んだ。

一八六二年一月二六日、ダーウィンは、その前日に書いた、心を許す友ジョセフ・フッカー(一八一七〜一九一一)宛ての手紙に、次のように追記した(1)。

ベイトマン氏［ランの栽培家］が、距《きょ》が一フィート［約三〇センチメートル］もあるアングレカム・セスキペダレを箱いっぱい送ってくれました。いったいぜんたい、この蜜を吸えるのはどんな虫なんだろうね。

アングレカム・セスキペダレというのはマダガスカル産のランで、花の基部から垂れ下がった中空の長い距という器官の先端だけに蜜をためている。さらに、同じくフッカーに宛てた一月三〇日付の手紙では、次のように書いた(2)。

アングレカム・セスキペダレの距は一一・五インチ〔約二九センチメートル〕もあって、蜜はその先端にしかありません。その蜜を吸うガはどんな口吻なんだろう。こいつは絶好の例だね。

その年の五月、ダーウィンは一〇カ月かけて執筆した『ランの受精』を出版した。その中で、アングレカムの巧妙な仕掛けについての考察を進めた(3)。

マダガスカルのある種のガが、幼虫か成虫いずれかの生活条件との関係で、自然淘汰によって大型化したとしよう。あるいは、アングレカムや長い蜜腺をもつ他の花の蜜を吸うために口吻だけを長くしたとしよう。すると、アングレカムのなかでもいちばん長い蜜腺をもち(一部のランは蜜腺の長さに大きな変異がある)、その結果として長い蜜腺のいちばん奥にまでガの口吻を差し込ませる個体が受粉に成功することになるだろう。そういう植物体はたくさんの種子をつけ、その苗は一般に長い蜜腺を受け継いでいる。そうやって、ランとガの世代が更新されていく。つまりこれは、アングレカムの蜜腺とガの口吻とのあいだで長さを競う競争が演じられているような構図である。しかし、勝利を収めているのは、マダガスカルの林床で豊富に咲き誇っているアングレカムのほうであり、ガの個々の個体は、蜜の最後の一滴を吸うためにできるだけ奥まで口吻を差し込もうと苦労している。

ガが吸蜜するとき、花粉塊がガの口吻の基部に付着する。そのガが次に別のランを訪れることで、その花粉塊による受粉が成立するというのだ。つまり、長い口吻をもつガは、アングレカムの蜜を独占できる。アングレカムも、特定の種のガに訪花してもらうことで、同じ種との受精を確実なものにできる。かくして長い距をもつランと長い口吻をもつガが手を携えて進化したはずなのだと、ダーウィンは予想したのである。ただしこの時点ではまだ、そのようなガは見つかっていなかった。

論争が生んだ予測

一八六七年、『法の支配』という本が出版された。著者はスコットランドの政治家、第八代アーガイル公爵ことジョージ・キャンベル。それはダーウィンの予測に対する批判で、アングレカムの長い距が自然法則で創造されたはずはないと、痛烈に批判していた。

それに対して、自然淘汰説の同時提唱者であるダーウィンの盟友アルフレッド・ラッセル・ウォレス(一八二三〜一九一三)が反撃した。「法による創造」と題した論考で、アングレカムの長い距は、ダーウィンが予想したとおり、ガとの共進化によって進化したものだと論じた[4]。そして、「アフリカ本土にいるモーガンスズメガ(*Macrosila morgani*)の口吻は七・五インチ[約一九センチメートル]である。アングレカム・セスキペダレの蜜腺は一〇〜一四インチ［約二五〜三五・五センチメートル］だから、あと一、三インチ［約五〜七・五センチメートル］ほど長ければ、いちばん長い花の蜜にも届く。したがって、マダガスカルにはそのようなガがいると予想できる。マダガスカルを訪れるナチュラリストは、海王星探しをした天文学者くらいの確信をもって探すべきだ。そうすれば、海王星の場合と同じように発見できるだろう」と檄を飛ばし、その想像図まで紹介した（図5-2）。ちなみに海王星は、天王星の軌道の変則的なズレから未知の惑星の存在が疑われ、一八四六年に発見されていた。

　しかし、探し求めるガは一向に見つからなかった。ウォレスは、一八九一年に出版した『自然淘汰と熱帯の自然』という著書にも前述の文言を載録した。

図 5-2　ウォレスが論考に載せた想像図．白いランの花の下に長く伸びているのが問題の距で，右上に長い口吻をもつガがいる

　予言されていた謎のガの正体が特定されたのは一九〇三年のことだった。ロスチャイルド自然史博物館（現在の大英自然史博物館トリング分館）を主宰するウォルター・ロスチャイルド（一八六八〜一九三七）と同館の昆虫学者カール・ジョーダン（一八六一〜一九五九）が、スズメガの分類を見直した研究書で、フランスの昆虫学者がマダガスカルで採集したスズメガをそれと特定したのである。

　彼らは、マクロシラ（*Macrosila*）からフレゲトニティウス（*Phlegethontius*）に変更されていたモーガンスズメガの属名をキサントパン(*Xanthopan*)と変更したうえで、マダガスカル産の標本を、ウォレスが候補にあげたモーガンスズメガの亜種と分類し、ウォレスの『自然淘汰と熱帯の自然』の一文を引用したうえで、次のように記述した。(5)

フレゲトニティウス・モーガン・プレディクタ(*Phlegethontius morgani praedicta*)の舌[口吻]は二二五ミリメートルあり、アングレカムの小さめから中程度の蜜腺に届くだけの長さがある。したがってそのガなら、ことのほか長い蜜腺をもつ花――温室のアングレカムの蜜は蜜腺の四分の一を満たしている――の蜜も試さない手はないであろう。つまり、ことのほか長い蜜腺をもつ花も短い蜜腺をもつ花と同様、長い蜜腺の蜜まで舌が届くガにより、大量の蜜が手に入るときなら受粉してもらえることであろう。キサントパン・モーガニイ・プレディクタ(*Xanthopan morgani praedicta*)は、アングレカムに対してそれが可能である。これよりも長い舌をもつスズメガがマダガスカルで見つかるとは思えない。

ロスチャイルドらが付けた亜種名プレディクタは、ウォレスの予想(prediction)に敬意を表したものだった。アングレカムは、ときにダーウィンランとも呼ばれている。そのランの花粉を媒介するガの存在を初めて予想したのはダーウィンだった。しかしロスチャイルドらは、そのガはスズメガの一種にちがいないと断定したウォレスの予想を尊重したのである。キサントパンスズメガには、ウォレススズメガの別名もある。

ウォルター・ロスチャイルドは銀行業を営んでいたイギリスの大富豪一族の御曹司である。[6] 自宅に私設の自然史博物館を創設し、敷地内ではシマウマやゾウガメを飼育していた。臆病なことから集団で飼育したり飼いならすことは難しいとされるシマウマに馬車を引かせている写真やゾウガメにまたがった写真などが残されている。

かくして謎のスズメガの正体が特定されたわけだが、この時点ではまだ、訪花吸蜜受粉の事実が確認されたわけではなかった。しかし、そもそもはかのダーウィンが提起した仮説が、長年にわたる探索の末にようやく「解決」したという安堵感と、ダーウィンの権威から、アングレカムとキサントパンスズメガは、手に手を携えて共進化したという話が流布することになった。

その後、キサントパンスズメガがアングレカムを訪花していることが実際に確認され、仮説が確証されたのは一九九二年のことだ。その年、アングレカムの花粉塊をつけたキサントパンスズメガが採集されたのだ。さらには、吸蜜によって実際に受粉が行われることが確証され、決定的シーンの動画も撮影されたのは、一九九七年のことだった。[7]

ただし、このランとガの共生関係は確認されたものの、両者がどのように共進化したかについては、今も議論が続いている。[8] ダーウィンは「手を携えて」と予想したが、もしかしたら、それぞれ何種もの近縁種を渡り歩きながらジグザグに進化した可能性も残されているからだ。

6　植物の奸計あれこれ

「隣人は静かに笑う」という一九九九年のアメリカ映画を唐突に思い出した。主人公は、ＦＢＩ捜査官だった妻を殉職で亡くし、一人で子育て中のテロリズム史を研究する大学教授。妻への慕情と、その死のことでＦＢＩに対するアンビバレントな感情を引きずっている。その主人公が、謎のテロ組織に属しているらしい隣人にはめられ、ＦＢＩ本部爆破犯に仕立てられていくという恐ろしくも不気味な映画だ。巧妙な布石を積み重ねるシナリオは、偶然なのか計画的なのかといった憶測を誘う絶妙な展開で進む。そして最後は、当初の目的のために、すべてがあらかじめ仕組まれていたかのような結末を迎える。これほどまでの奸計がありえるのかという印象をあとに残して。

不気味なわが隣人

そんな映画を思い出させたのは、蔓《つる》植物の生態について考えている中でのことだった。

蔓植物は、考えてみれば不思議な存在だ。蔓植物という特定のグループがあるわけではない。いろいろな分類群に散在している。しかもその様式も、フジやアサガオのように茎が巻きつくものもあれば、ゴーヤやキュウリのように巻きひげで巻きついて登っていくものもある。あるいは棘でからみつくイバラ、吸盤で吸い付くツタもある。文豪ゲーテの臨終の言葉といわれる「もっと光を！」ではないが、いずれも光合成をするための光を求めて上へ横へと茎と葉を伸ばすための適応を追求した結果である。

これは、広い意味での収斂《しゅうれん》進化と言えなくもない。収斂進化とは、系統的には遠いのに、同じ生態的地位（ニッチ）に適応した結果として、形態がよく似ている現象である。たとえば魚竜とサメとイルカを思い浮かべていただきたい。魚竜は中生代の爬虫類、サメは魚類、イルカは哺乳類だが、海洋中を高速遊泳することに適した同じ流線型をしている。

現生動物どうしでは、哺乳類の有胎盤類と有袋類の収斂進化は生物の教科書の定番だろう。有胎盤類がいなかったオーストラリアでは、旧大陸で有胎盤類が占めている生態的地位を有袋類が占め、その生態と形態まで収斂しているのだ。意表を突くところでは、高速飛翔をするアマツバメの鎌型の翼と、高速遊泳をするマグロの、やはり鎌型の尾ひれも、収斂進化の一例である。それはいずれも、空中と水中という違いはあるが、広大無辺なスペースを高速で移動しながら採食するという生態的地位を突き詰めた結果なのである。

このような自然界の方策の類似を、自然淘汰の威力と見るか、共通部分の多いゲノムにできることの、制約内でのブリコラージュ（器用仕事）と見るかは意見の分かれるところだ（ゲノムとは生物個体の全遺伝情報のこと)。共に進化生物学者にしてサイエンスライターとしても著名な、リチャード・ドーキンス(一九四一〜)は前者の見解を、スティーヴン・ジェイ・グールドは後者の見解をとっていた。もっとも後者の見解にしても、自然淘汰の威力は認めつつ、レパートリーは限られているとしているだけなのだから、傍目にはどちらも五十歩百歩に見えなくもない。

じつは、わがヒーローたるチャールズ・ダーウィンは、蔓植物も観察し、二冊の著書を残している。『よじのぼり植物の運動と習性』(一八六五年)と『植物の運動能力』(一八八〇年)の二冊である。ダーウィンは、蔓や巻きひげの旋回運動などを観察していた。

ダーウィンの観察は、植物個体の運動能力に関するものだった。しかしもちろん、野生生物はその生息環境の中で、他の生物と相互作用をしながら生きていかなければならない。もちろんダーウィンは、そういう視点をもっていた。環境あるいは他の生物、さらには同種個体との相互作用によって生じる生存繁殖率の違いこそが、自然淘汰説の根幹だからである。

ダーウィンの慧眼は、ナチュラリストとしてのその観察力によって養われた。何年か前、同じくナチュラリストならではの面白い研究成果を見つけてうれしくなった。それが蔓植物の研究だったのでなおさら。

ヤブガラシの味覚

弘前大学の山尾僚(現在の所属は京都大学)は、前々から、道端のヤブガラシやノブドウを観察していて、それらの植物個体の巻きひげが自分自身には巻きつかないことに、なんとなく気づいていたという。[1] たしかに、自分の体に巻きついていたのでは、こんがらがってしまい、うまく成長できないばかりか、光合成にも不都合をきたしかねない。当たり前といえば当たり前だが、不思議なことに、このことをきちんと確かめた研究はなかったようだ。

そこで山尾は東京農工大学の深野祐也(現在の所属は千葉大学)といっしょに、ヤブガラシを材料に、自分の茎と他個体の茎への巻きつき方の程度の違いを調べることにした。

結果は明らかだった。実験開始後二三時間の時点で比較したところ、自分の茎には五〇パーセントの割合でしか巻きつかなかったのに対し、同種の他個体の茎には八〇パーセントの割合で巻きついたのだ。しかも巻きつき方でも差が出た。しっかりと巻きついたのは、自分に対しては一〇パーセント弱だったのに対し、他個体には四〇パーセントだった。さらに興味深い発見は、根でつながっている株どうしは自分(自株)として認識する(巻きつき方に差がない)のに対し、その根を切り離したとたん、完全な「他人」(他株)として認識し始め、巻きつき方が変わるということだった。

つまり同じクローンでも、いったん絆が切れたら赤の他人扱いになるというわけだ。どのようなメカニズムによるものなのか興味深いところだが、それはまだ解明されていない。ヤブガラシはブドウ科だが、山尾はその後の研究で、ウリ科のゴーヤやキュウリでも、この自他識別を確認しているという。

一方の深野は、ヤブガラシが他種を見分けるシグナルを発見した。[2] それは、ヤブガラシの葉が多量に含んでいるシュウ酸化合物だった。この発見のきっかけは偶然だったという。ヤブガラシの巻きひげは、カタバミの葉に巻きつかないことに気づいたのだ。カタバミの葉にも多量のシュウ酸が含まれている。カタバミの葉を噛むと酸っぱいし、しぼり汁を十円玉につけるとピカピカになることはよく知られている。どちらもシュウ酸の効果である。

この発見をきっかけに、シュウ酸の含有量の異なる植物の葉で巻きつき実験をしたところ、シュウ酸含有量の多い植物ほど、ヤブガラシの巻きひげは巻きつかなかったという。ということは、ヤブガラシの巻きひげは、シュウ酸を感知する何らかのセンサーを備えているということになる。ただしこの発見では、ヤブガラシが、絆の切れたクローン個体を他人と認識する仕組みは説明できない。それについてはまた別の仕組みがあるのだろう。

道端の雑草のなにげない観察から、植物の自他識別という、まるで動物のような能力が浮上してきた。それは、蔓植物に組み込まれている適応の一つなのだ。蔓植物は、隣人を圧倒して光を独占するために、そのような戦略を身に付けたのだろう。ここでまた、先の映画の隣人が浮かべる、すべてを見通したような不気味な薄笑いを思い出した。もちろん、自然界のそこここに見られる精妙な「奸計」をめぐらしたのは自然そのものなのだが。

呪われた花言葉

同じ蔓植物でも寄生性となると奸計の程度もなおいっそう巧妙となる。

愛らしい花にはそれにふさわしい花言葉が授けられている。

しかし、なかには残酷な花言葉もある。たとえば「下賤」などという花言葉を振られた植物の気持ちはいかばかりだろう。それは、ネナシカズラ(図6-1)という寄生性の蔓植物である。なんでまたそんなことになったのか。

図6-1　ネナシカズラ(『広辞苑 第七版』より)

たしかに、ネナシカズラは見た目が悪い。黄褐色の細麺をぶちまけたかのような姿は、「悪魔の髪の毛」という英語の俗称にふさわしい。しかもその名のとおり、地中に張る根は発達させない。もちろん、地面から発芽するのだが、葉のない茎をすばやく伸ばし、ぐるぐると回転運動をしながら巻きつく相手を探す。発芽後数日以内に宿主を見つけないと、そのまま枯れてしまうから必死だ。

宿主に対する好みは少ないため、植生の豊かな場所で発芽すればなんとかなるのだろうが、好ましい宿主が発する揮発性物質を感知しているという報告もある。ネナシカズラ類の一種マメダオシは、その名のごとくマメ科の植物が主な宿主で、栽培されているマメ類に巻きついて押し倒してしまうことからその名がある。

巻きつく相手さえ見つかれば、もうこっちのものである。そしてここからが悪魔にたとえられる所業を発揮する。ネナシカズラは、やがて根を失うだけでなく、葉緑体も欠いている。つまり自力では栄養分をいっさい入手できない体なのだ。したがって、そのままでは生きていけない。

そこでネナシカズラは、相手に巻きついた茎から寄生根という吸引装置を発達させる。宿主である植物体の茎と接する面でネナシカズラの表皮が細胞分裂を開始し、宿主の組織内に寄生根を挿入するのだ。宿主の組織にまんまと侵入した寄生根は、その先端の細胞を探索糸というものに分化させ、宿主の維管束を探し当て、維管束を乗っ取ってしまう。この段階で、ネナシカズラは地面との接触を断ち、文字どおりの根無し草となる。

それにしてもなぜ、宿主の側は、そんなに易々とネナシカズラの蛮行を許すのだろう。

寄生生物の奸計

ハリウッド映画の傑作「エイリアン」では、幼体が生きている人間の腹を食い破って出現する衝撃の映像が話題を呼んだ。そのモデルをあえて探せば寄生バチだろう。ガやチョウの幼虫などに産み付けられた寄生バチの卵からはたくさんの幼虫が孵り、宿主の体内を食べまくり、やがて蛹となって繭《まゆ》を紡ぎ成虫となる。エイリアンも寄生バチも、体外に出る準備が整うまでは、とりあえずは宿主を殺さない程度に貪り食う。そのイメージが怖気を誘う。

さすがにネナシカズラにそこまでの残虐性はない。ネナシカズラの所業はむしろ知能犯である。宿主の側は、組織に寄生根を挿入されても物理的な抵抗をほとんど示さない。これまでも、植物細胞の接着物質であるペクチンの分解酵素が寄生根の侵入直前に生成されているらしいことはわかっていた。しかし、それ以上の狡知は不明だった。

宿主の組織に侵入した探索糸は、宿主の維管束を探し当てると自ら維管束へと変身し、宿主の維管束に連結する。すると、宿主が根から吸い上げたり葉緑体で生産した水分や養分を、猛烈な勢いで吸い上げ横取りしてしまう。ネナシカズラの茎にはたくさんの気孔があるというから、宿主を上回る蒸散作用を駆使しているのかもしれない。収奪の度が過ぎると宿主が枯死することもあるので、この能力は諸刃の剣である。

宿主と連結させた維管束から、ネナシカズラが取り込むのは水分と養分だけではない。宿主のタンパク質やRNAも吸収していることがわかっていた。それによって、宿主の健康状態をチェックしているのではないかともいわれていた。そしてこれは、種を超えた遺伝物質の水平伝搬として注目されてきた。

ところが二〇一八年一月の「ネイチャー」誌に発表されたアメリカの研究グループの報告は、ネナシカズラの予想以上のしたたかさを明らかにした(3)。ネナシカズラは、独自のマイクロRNAを宿主に送り込むことで、宿主を操っていたのだ。

DNA中の特定の塩基配列として書き込まれている遺伝子の情報は、メッセンジャーRNAとして写し取られ、そこから特定のタンパク質が合成される。マイクロRNAは、メッセンジャーRNAよりも短い塩基配列であり、タンパク質を合成する情報はもっていない。その代わりに、標的となるメッセンジャーRNAに結合し、タンパク質合成を抑制する働きをする。

ネナシカズラの寄生根から見つかったマイクロRNAは、ヌクレオチド——DNAを構成する基本単位で、結合している塩基によって四つの種類がある――二二個分の長さのものが大半で、植物が生成するマイクロRNAとしては異例の短さだという。それらのマイクロRNAは、宿主のメッセンジャーRNAと結合することで、傷口を修復したり異物を排除するためのタンパク質の生成を阻害する。これが、ネナシカズラが宿主の組織を易々と乗っ取る秘策だったのだ。寄生種が、宿主となる種の遺伝システムを操作しているというのは驚きの発見である。

論文の著者の一人であるヴァージニア工科大学のジェームズ・ウェストウッド教授は、「宿主と寄生者とのあいだで繰り広げられている戦いを想像してみてください。この例では、ネナシカズラは宿主の情報システムをハッキングしようとし、宿主はそれを締め出そうとしているのです。マイクロRNAは、この戦いで使用される、まったく新しい類いの武器なのです」と、プレスリリースの中で語っている。

さらに、共同研究者であるペンシルベニア州立大学のマイケル・アクテル教授は次のように語っている。「菌類と植物間で小さなRNAが交換されていたという前例も踏まえると、今回の結果からは、このような種を超えた遺伝子制御は他の植物とその寄生者との相互作用においても広く行われている可能性があると思われます。そうだとすると、マイクロRNAの宿主側の標的の遺伝子を編集することで、マイクロRNAが宿主の防御用遺伝子と結合して抑制(サイレンシング)してしまうのを防止する技術も夢ではなくなります。ゲノム編集による寄生者防除が可能になれば、寄生による作物の経済的損失を減らすことができるようになるでしょう」。

ネナシカズラの悪だくみが露見したことで、思わぬ光明も見えてきた。右記の夢は、ネナシカズラ対策よりも、植物の病原体防除への応用面のほうが大きいだろう。病原体の寄生メカニズムをマイクロRNAという視点から探り直すことで、たくさんの例が見つかるかもしれないからだ。

経済的な観点とは別に、寄生者の狡知は生物学的にも大いに興味深い。ネナシカズラ類はヒルガオ科とされ、世界中に一五〇～二〇〇種が分布している。かなりの大所帯だが、ほぼすべての種が完全な従属栄養生活を進化させている。ほかにもたくさんの蔓植物が存在するなかで、なぜこのグループだけがこれほど巧みな戦略を獲得したのだろうか。

ネナシカズラの英名はdodder(「よろめく」の意)だが、「天使の髪の毛」とか「愛の蔓」という好意的(?)な俗称もある。ものの見方には裏表があるということなのだろう。さらには、アメリカネナシカズラは有害な帰化植物として問題視されているが、在来種のクシロネナシカズラとハマネナシカズラは絶滅危惧種に指定されている。ということで、ネナシカズラにも神のお恵みを!

緑のトラップ

植物の運動という観点で、ダーウィンは食虫植物にも注目していた。『種の起源』を出版した翌年、一八六〇年の夏は、イングランド南東部に位置するアッシュダウン・フォレストにあった義姉(妻エマの姉)サラ・ウェッジウッドの邸宅サウス・ハットフィールド・ハウスで静養していた。近くの湿地を散策したダーウィンは、たまたまモウセンゴケを観察し、食虫植物に興味をもった。そして思いのほかたくさんの虫がトラップされていることに驚いた。

その年の一一月二四日、尊敬する地質学者チャールズ・ライエル（一七九七〜一八七五）に宛てた手紙の中で、『種の起源』の売れ行きが好調で第三版出版に向けた改訂作業を急ぐよう、出版社から急かされていると書く中で、次のようにも書いていた。(4)「とはいえ、モウセンゴケの原稿を仕上げるつもりですし、その必要があります。それには一週間ほどかかりそうです。目下、世界中のどの種の起源よりもモウセンゴケのことが気になっています。ただし、モウセンゴケの出版は来年以降になるでしょう」。

中途半端を嫌うダーウィンがその後、各種食虫植物を栽培して研究に励み、その集大成として四五〇ページ余りの著書『食虫植物』の出版にこぎつけたのは一八七五年のことだった。ダーウィンが四〇年あまりにわたって居住し、研究の場ともなったケント州ダウン村にある屋敷ダウンハウスを訪れると、再現された温室の一画で、ダーウィンゆかりの食虫植物が今も栽培されているのを見られる。

ちなみに、二〇二三年にＮＨＫで放映された朝の連続テレビ小説「らんまん」で神木隆之介演じる槙野万太郎のモデルとなった牧野富太郎の数ある業績の一つに、食虫植物ムジナモの発見がある。一八九〇年に江戸川河畔でたまたま見つけた水草で、その経緯は牧野自身が随筆や自伝で紹介している。それまでインド、欧州、豪州のみとされていたムジナモの分布域に極東も加えることになった重要な発見だった。

「一向に見慣れぬ」水草であることから帝国大学植物学教室に持ち帰ったところ、もしかしたら、と矢田部良吉教授(ドラマでは要潤演じる田邊教授のモデル)が取り出したのがダーウィンの件の書だった。二枚貝のような捕虫葉の図が、まさにその植物の「奇態」の特徴と一致していた。矢田部は、アメリカ留学中に、ダーウィンと交流のあった植物学者エイサ・グレイ(一八一〇~八八)の教えも受けていた。留学中に、ダーウィンのその書をたまたま買い求めて持ち帰っていたのだろう。

試みに東京大学の蔵書をネット検索すると、理学図書館の貴重書庫に、一八七五年出版の同書が収蔵されていた。牧野が参照したのはこの書なのかもしれない。ただしその収蔵書は、イギリス版の初版ではなく、そのステロ版製版によって同年に複製出版されたアメリカ版であるようだ。

食虫植物のブリコラージュ

食虫植物は、被子植物のイネ目《もく》、カタバミ目、ナデシコ目、ツツジ目、シソ目という五つの異なった目で進化している。したがって食虫性は、同じ系統で進化した共通の特徴というわけではなく、別々の系統で平行して進化した例と見なせる。ただしその目的は共通している。すなわち、貧栄養の環境で生息するために、食虫性によってリンや窒素などの養分の不足を補っているのだ。

基礎生物学研究所の長谷部光泰教授と福島健児(現在の所属はヴュルツブルク大学)は、北アメリカに分布し、栽培植物としても人気のある食虫植物サラセニア(xページ・カラー図③)が虫を捕まえるためのトラップである捕食葉のでき方を研究した。(5)

サラセニアは、細長い袋状の捕食葉を伸ばす。その形状が、酒をつぐ古式ゆかしき細長い容器「瓶《へい》子《し》」に似ていることから、瓶子草という和名もある。サラセニアの捕食葉の成長様式を調べたところ、葉の先端側の細胞では横方向への分裂が起きるのに対し、葉の付け根部分の細胞では先端側とは直交する方向への分裂が起きていた。その結果、葉全体では歪みが生じ、袋状を呈することになるらしい。細胞分裂の方向性を変えるだけで、大きな形態的な変化を引き起こしていたのだ。

　長谷部の研究グループは、系統の異なる三目に属する四種類の食虫植物で、トラップした虫を消化するための酵素も調べた。すると、もともとは同じ病害抵抗性遺伝子を転用している例が多数見つかった。その一例は、真菌という病原菌の細胞壁に含まれるキチンを破壊するキチナーゼだった。

　昆虫などの節足動物の外皮はタンパク質がタンニングという特殊な結合をしたクチクラでできている。クチクラの主成分がキチンである。ようするに、病原菌のキチンを破壊するという別の目的で進化した適応を転用しているのだ。これぞまさに、進化はブリコラージュ（器用仕事）と喝破した先人の先見の明を地で行っている好例である。進化学の用語ではこれを外適応という。つまり、たいがいの進化はゼロからの出発ではない。既存の部品にその都度手を入れて工夫する間に合わせ仕事なのだ。

ハエトリグサのカウントスリー

　ただし自然は、いつだってわれわれの意表を突く。先頃、植物にも「意志」あるいは「意識」があることを謳った本が話題になった。しかしそれは、植物は動物よりも機械的な生きものだという先入観を前提としているからこその「新しい見方」だった。逆に、動物の行動も、環境に対する機械的な反応である部分が多い。われわれは、植物を過小評価しすぎる一方で、動物を過大評価しすぎているのである。そこで植物の仰天の行動を紹介しよう。

それは二〇一六年に発表された研究である。アメリカ合衆国のノースカロライナとサウスカロライナの湿地に自生するハエトリグサ（xページ・カラー図④）の驚異の行動が確認されたのだ。(6)

思い出してみよう。食虫植物が食虫性を進化させたのは貧栄養への適応のためだった。ならば、苦労の末に獲得した養分のむだづかいは許されない。風や何かの小片がトラップに触れるたびにトラップを閉じたり消化液を分泌していたのではむだが多すぎる。そこで件のハエトリグサはどうしたか。なんと、数えることにしたのだ！

具体的にはこうだ。トラップは、センサーである繊毛が二〇秒以内に二回刺激されたときにしか閉じない。しかも閉じただけでは消化液は分泌されない。消化液の分泌には三回目の刺激が必要なのである。そしてさらに、分泌量も調整される。センサーが刺激を受けた回数に応じた量の消化酵素しか分泌されないのだ。

機械的といえば機械的な反応である。しかし、それ以上の狡知を巡らせる必要があるだろうか。虫を感知するのは物理的な刺激だ。ただし、それだけでは無機的な物体が触れただけかもしれない。生きている虫ならば、刺激は一回では終わらないはずである。いつまでもへたばらない獲物に対しては消化液を追加する。それだけ大きい獲物なのだろうから、元は取れるはずだ。こうしたことを勘定に入れるだけで、最小限の仕組みでうまくいく。まさにびっくり仰天じゃないか。

別の食虫植物であるウツボカズラは、袋状のトラップに消化液をたたえ、獲物の落下をうながす。虫にとっては底なし沼の恐怖にも通じる罠だ。しかし、その消化液の中で繁殖する昆虫やカエルもいるというではないか。なんともまあとしか言いようのない世界だ。この世界の片隅では、多様な命が息づいている。その事実の一端に触れて、謙虚にならない人を、ぼくは信じられない。

7 芳香とキューピッド

映画化もされたパトリック・ジュースキントの小説『香水——ある人殺しの物語』(1)は、妖しくも恐ろしい物語である。超人的な嗅覚をもつ男が、類まれな香りを発する少女を殺し、その体臭を抽出して香水にすることに成功するという、なんともおぞましい話なのだ。

そこまで極端な話ではなくても、香りは人々を魅了してきた。天然香木の香りを楽しむ香道は室町時代から続く芸道だというし、香水シャネルの5番がマリリン・モンロー伝説を飾っている。

香りの誘惑

香りに惹かれるということでは、昆虫の性フェロモンが真っ先に思い出される。かのファーブルは、ガの雌にたくさんの雄が引き寄せられるのは、雌が発する「未知の発散物」が原因ではないかと考えていた。

そのきっかけとなった一八九三年五月六日夜の忘れがたい事件を、ファーブルは「オオクジャクヤママユの夜」(2)と命名した。繭から羽化したヤママユガ科の大型のガ、オオクジャクヤママユの雌を金網に入れておいたところ、夜中に多数の雄のガが飛来して部屋の中を飛び回ったというのだ。

ファーブルのいう「未知の発散物」が初めて単離されたのはその六六年後のことだった。一九五九年に、ドイツの生化学者アドルフ・ブーテナント(一九〇三〜九五)がカイコの性フェロモンを単離したのだ。材料は、日本から輸入した五〇万匹のカイコの雌だったといわれている。

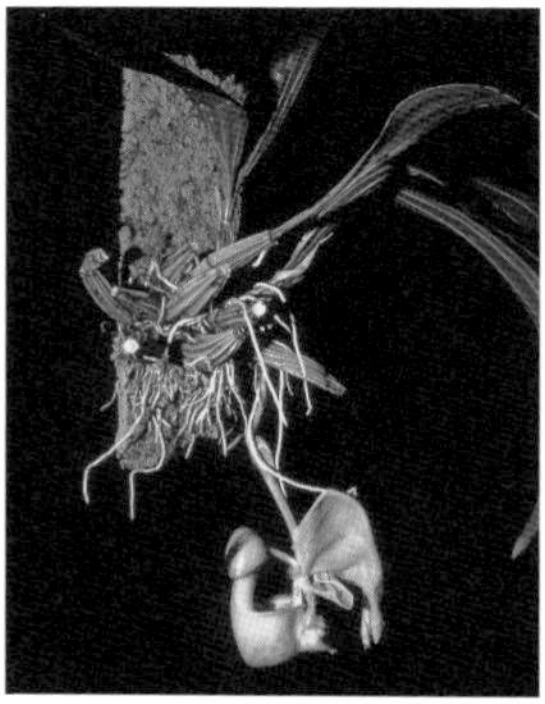

図 7-1　バケツランの一種. ©Orchi

昆虫の性フェロモンは、昆虫自身の体内で合成され、同種の異性個体に向けて放出される。この方式だと、微妙な調合によって同じ種のライバルに差をつけることは難しそうだ。ライバルを出し抜くにはどうすればいいかと考えたとは思わないが、環境中から匂いの素を集めて調合する虫がいるから、この世は不思議だ。

その虫とは、熱帯アメリカに生息する、金属光沢の美しいシタバチ(舌蜂)である。名前の由来は舌が異様に長いことにある。この長い舌は、長い筒状の花の蜜を吸うためのストローである。シタバチの英名はオーキッド・ビー。オーキッドとはランのことで、ビーとは蜜を吸うハナバチの総称である。ランの花を訪れることからこの名がある。

シタバチが好んで訪れるのは、花びら(花弁)の一つがバケツ状に変形しているバケツラン(コリアンテス属 *Coryanthes*)の仲間である(図 7-1)。花の蜜が目的かと思いきや、そうではない。そもそもバケツランは花蜜を分泌しない。では何のために訪花するのか。雄バチにとっては、ランが発する匂いを手に入れることが目的なのだ。

シタバチの雄は、さまざまな花やキノコ、腐った木材などを訪れ、匂い成分を前脚で削り取って後ろ脚にあるポケットにため込む。そして木の幹にとまり、翅を震わせてポケットの中の匂い成分を放出し、雌バチを引き寄せる。バケツランは、花弁からシネオール（ユーカリプトール）を主成分とする芳香を放つ。シタバチの恋の駆け引きにとって、このシネオールは欠かせない一要素なのだろう。

バケツランは、花蜜は出さないが、茎にある分泌腺から蜜を出している。この蜜はハナバチ向けではなく、シリアゲアリというアリ向けである。このアリは、木の幹に着生したバケツランの根系に巣をつくり、蜜をもらう代わりにバケツランを食害する虫を撃退しているのだ。つまり両者は相利共生関係にある。

一方、バケツランがシタバチを呼び寄せるのは、受粉の介添え役としてである。シネオールの匂いに惹かれたシタバチの雄は、花弁に舞い降りるのだが、匂い成分をカキカキしているうちに脚を滑らせ、バケツ状の花弁の中に落ちてしまう。そこにはランが分泌した液体がたまっているため、すぐに飛び立つわけにもいかず、ランが用意した狭い通路を這い進むしかない。すると出口には雄しべと雌しべが待ち構えており、ハチの背面に花粉塊をペタリと貼り付ける。花粉を背負ったハチは、別の花を訪れた際に雌しべにその花粉を受け渡すことになる。

ここで重要なのは、通路の幅とハチの大きさがマッチしていることだ。この絶妙の仕掛けは、バケツランとシタバチとが共に利益を得ることで共進化したものだと、かつては思われていた。

自然界の調香師

しかし考えてみれば、シタバチにとって、バケツランは必ずしも必要ではない。匂いなら他の花から集めてもよいからだ。事実、シタバチ類が匂い成分の採取に訪れる植物は七〇〇種類にも及ぶことがわかっている。しかも、シタバチはバケツランよりも先に進化していたらしい。つまり遅れて進化したバケツランは、シタバチの嗜好性を後から利用したことになる。

シタバチは二五〇種が知られている。もちろんすべて同じ場所に分布しているわけではないが、分布域が一部重複している種もいる。それらのシタバチが、愛の「香水」をどのように調合しているのか、大いに気になるところだ。性フェロモンの配合は、種ごとに決まっている。体内で生理的に合成される性フェロモンなら、そうであってしかるべきだろう。種特異的な性フェロモンにより、異種との交雑が防がれている。

だがシタバチは、環境から集めた匂いを調合した「香水」を性フェロモン代わりとして使用している。その「香水」は、種ごとに配合が異なっているという。

二種のミドリシタバチ類、*Euglossa viridissima* と *E. dilemma* は、かつては一種とされていたほど見た目には区別がつかないのだが、分布域が前者は南アメリカ、後者は中央アメリカと異なっている。現在はユカタン半島で分布が重なっているが、種間の交雑は起こっていない。

この二種の「香水」を分析装置にかけたカリフォルニア大学デイヴィス校の研究者は、それぞれ異なる化合物を一分子ずつ含んでいることを確認した[3]。つまり「香水」の調合に違いがあるのだ。さらに、両種の遺伝子を分析したところ、触角で匂いを感じ取るための遺伝子一個に違いがあることもわかった。どうやらこの二種は、一個の遺伝子の突然変異により、性フェロモン代わりの「香水」の調合を変えたことで別種に分かれたのだ。それが起こったのは、一五万年ほど前と考えられている。

熱帯の密林はさまざまな芳香で満たされているはずだ。その中にあってシタバチは、メタルグリーンのきらびやかな衣装だけでは物足りず、たおやかな香りまで手に入れずにはおれなかったということか。

世界最大級の花の猛烈なパヒューム

たおやかな香りでキューピッドを呼ぶ植物もあれば、そうではない植物もある。

二〇一〇年七月、東京都文京区小石川の閑静な地区に、大勢の人が詰めかける騒ぎが勃発した。東京大学の附属植物園である小石川植物園で開花した珍しい花を目当てに、特別公開された三日間に二万人あまりの見学者が押し寄せたのだ。

その花の名は、インドネシアのスマトラ島原産のショクダイオオコンニャク（図7-2）。最短でも二年に一回しか咲かない「世界最大の花」にして、しかも花の盛りは一晩しかないということで話題が盛り上がった。しかも、強烈な匂いがするという。怖いもの見たさ（嗅ぎたさ？）も手伝って、それだ

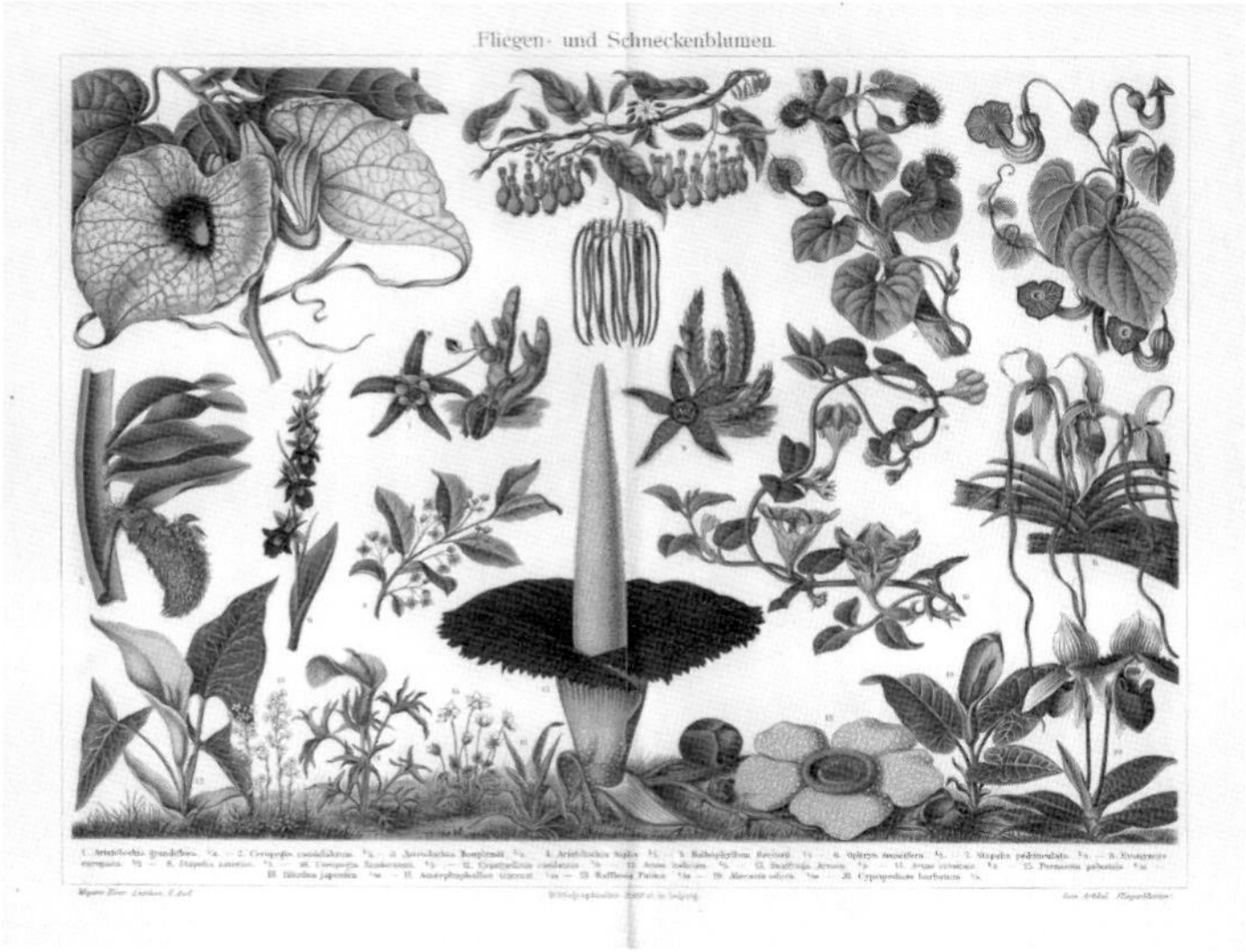

図 7-2　ドイツの百科事典(1895)掲載，熱帯の植物の図版に描かれたショクダイオオコンニャク(中央下)とラフレシア(その右下の大きな花)

けの人が訪れたのだろう。

ただしこの花、実際には「世界最大」ではない。その栄誉は、ラフレシア(図7-2)のものだからだ。スマトラ島とボルネオ島に分布するラフレシアの花の直径は最大九〇センチメートルといわれている。ちなみにこの名前は、シンガポール創設の立役者トーマス・ラッフルズ(一七八一～一八二六)にちなんでいる。

ラッフルズ率いる調査隊が一八一八年に発見し、同行した植物学者ジョゼフ・アーノルド(一七八二～一八一八)がその特徴を観察し、植物学者のジョゼフ・バンクスに報告したのだ(アーノルドはその直後に病死した)。学名は、ラッフルズとアーノルドにちなみ、ラフレシア・アルノルディイ(*Rafflesia arnoldii*)と命名されている。

もっともこの発見の先取権に関しては、英仏間の戦争のどさくさでイギリスチームに栄冠が渡ったという経緯がある。この世界最大の花を最初に発見した西洋人は、じつは、フランスの探検家ルイ・オーグスト・デシャン(一七六五～一八四二)だった。

デシャンは、今でいうラフレシア属の標本を一七九七年に採集し、一七九八年に船に積み込んで帰国の途についた。ところが当時のフランスはヨーロッパ諸国を相手にフランス革命戦争を戦っており、デシャンは帰国の途中でイギリス海軍に捕縛され、三年間の探検で集めた標本と資料のすべてを没収されてしまった。キュー王立植物園のウェブサイトに掲載されている情報によれば、それらの没収品が再発見されたのは、一九五四年、大英自然史博物館の収蔵庫からだったという。

キューピッドはキンバエとシデムシ

ラフレシアは寄生植物で、宿主はブドウ科のミツバカズラである。葉や茎はなく、花だけが咲く。雌花と雄花があるが、花粉は粘液状である。その花粉を運ぶキューピッド役を務めるのは、チョウでもガでもハチでもない。なんと、強烈な腐肉臭に引き寄せられて飛来するキンバエやニクバエであるという。

直径九〇センチメートルのラフレシアの花に対して、ショクダイオオコンニャクの花は、前述の小石川植物園の花は小ぶりだったが、二〇一八年六月に国立科学博物館筑波実験植物園で咲いた花は、高さ二四〇センチメートル、直径一〇六センチメートルに達した。この数字だけを見ればラフレシアを凌駕しているわけだが、問題は「花」の定義にかかわる。ラフレシアは単独の「花」であるのに対し、ショクダイオオコンニャクの「花」は、実際には、多数の小さな花をつけた棒状の軸(肉穂花序《にくすいかじょ》)とそれを取り巻く苞《ほう》なのだ。

外観から見えているのは、「花」を包む苞なのである。これは葉にあたるものなので、いくら大きくても「花」とは認定されない。この苞は、サトイモ科では特別に仏炎苞《ぶつえんほう》と呼ばれている。仏像の光背を飾る火焔《かえん》になぞらえた名称だという。

ちなみにショクダイオオコンニャクという和名は、「燭台に似た大きなコンニャクの仲間」という意味である。学名のアモルフォファルス・ティタヌム(*Amorphophallus titanum*)は、「形の崩れた(amorphos)巨大な(titan)男根(phallos)」というすごい意味である。

高層湿原の夏を飾る清楚なミズバショウの「白い花」も仏炎苞である。ミズバショウもサトイモ科の植物で、その「花」は白い苞に包まれた黄色い肉穂花序なのである。同じサトイモ科であるショクダイオオコンニャクの花の基本構造も同じである。ただしショクダイオオコンニャクの場合、花序は外からは見えない。苞の中から突き出ているのは、付属体と呼ばれる器官であり、ここから受粉昆虫を引き寄せる強烈な匂いを出す。この場合も腐肉臭である。

ショクダイオオコンニャクは、一八七八年に、イタリアの植物学者オドアルド・ベッカーリ(一八四三〜一九二〇)によってスマトラ島で発見された。彼が持ち帰った種子から発芽した植物の一つは、キュー王立植物園にも贈られ、一八八九年に栽培下で初めて開花した。

ショクダイオオコンニャクは、コンニャクと同じように葉を伸ばして光合成をし、球茎《きゅうけい》、いわゆるコンニャク玉を太らす時期と、休眠する時期、そして花芽を出して開花する時期を繰り返す。

ラフレシアは雌雄異株である。一方、ショクダイオオコンニャクは雌雄同株ではあるが、雌雄異花である。肉穂花序の基部近くに雌花、その上方に雄花がつく。仏炎苞が開き、花序が伸びると、付属体から腐臭が発せられる。ここで苞が、受粉昆虫を捕らえるトラップの役割を演じることになる。匂いに誘われてやってきた虫を滑り落として雌花のもとに誘うのだ。その虫に他の花の花粉がついていれば受粉成功である。しかし、出口はどこにもない。すると遅れて咲いた上方の雄花が開花し、花粉を虫の上に落とす。このタイミングで虫の脱出が可能となる。しおれて破れた苞に脱出口が用意されるからだ。

愛のキューピッド役を務めるのは動物の死骸を好む甲虫シデムシ(図7–3)だといわれているが、まだ確証はないようだ。考えてみると、ショクダイオオコンニャクに引き寄せられるシデムシには、いかなる役得もない。ショクダイオオコンニャクにしか得のない片利共生といえそうだ。ラフレシアのキューピッド役を務めるキンバエにしてもしかり。まあ、えもいわれぬパヒュームに取り巻かれて恍惚となるだけでも報われているのかもしれないが。

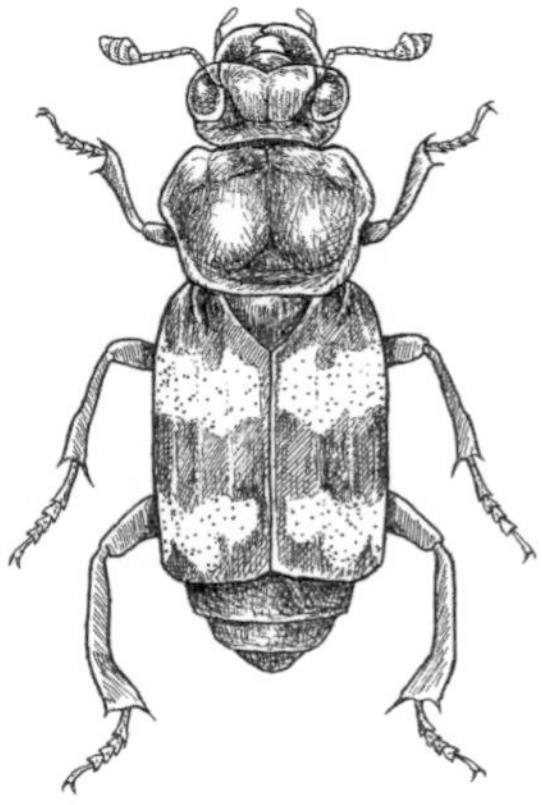

図7–3　シデムシ(『広辞苑 第七版』より)

8 禁断の果実イチジク

「春眠暁を覚えず」というが、寝床を離れがたいのはむしろ冬のほうだ。冬は朝の訪れが遅いうえに寝床から出るのがつらい季節だから。布団にぬくぬくとくるまって、うつらうつらするのは無上の贅沢の一つである。

その一方で、死は長い眠りのようなものだという気もする。そう考えると、眠りにつくにあたってはいささかの覚悟が必要になる。

眠りを誘うハスの実

長い眠りとしての死と、やがて覚める眠りに違いがあるとしたら、それは夢を見ることかもしれない。眠りは、レム睡眠とノンレム睡眠という二つのフェーズの繰り返しで構成されている。

レムというのは、スヤスヤと安らかに眠っているように見えるのに、まぶたの下で眼球だけが急速に動いている状態(Rapid Eye Movement 略してREM)のことだ。一九五三年にアメリカの研究者が発見した。この状態の人を起こすと、夢を見ていたという証言が得られる。眠りはこのレム状態と、そうではないノンレム状態の繰り返しとされている。

わが家のワンコも、眠っている最中に脚をぴくぴくさせてくぐもった声で吠えることがある。おそらくそれがレム状態で、何かを見つけて走っている夢を見ているのではないかと、飼い主は勝手に解釈している。そう、ヒト以外の哺乳類にもレム睡眠があるのだ。鳥類にもあるといわれているが、爬虫類にはない。なぜそんなことがいえるのかといえば、レム睡眠とノンレム睡眠は脳波の波形で区別できるからだ。

レム睡眠中の脳波は覚醒時と同じで細かいさざ波、ノンレム睡眠時は振幅の大きい特徴的な波となる。さてそこで、脳の中では何が起こっているのだろう。

これに関しては大発見があった。筑波大学の林悠博士(現在の所属は東京大学)たちは、レム睡眠とノンレム睡眠の切り替えを司る脳の部位を発見し、その切り替えを操作することに成功した(1)。そこで、レム睡眠を経験できないようにしたマウスを調べたところ、ノンレム睡眠中に特徴的なデルタ波が出現しなくなることがわかった。

デルタ波は、脳の神経細胞どうしの活動が同調し、学習や記憶形成が促されている証拠とされている。幼児ではこのデルタ波が顕著なことから、脳の発達にも重要らしい。つまりわれわれは、レム睡眠中に夢を見ながらさまざまなイメージをよみがえらせておいてからノンレム睡眠に移行し、そこで記憶を整理している可能性がある。

古代ギリシャには、ハスの実を食べると記憶を失うという伝説があった。ホメーロスの長編叙事詩

「オデュッセイアー」(2)に登場するロートファゴイこと「ハス喰い人」の逸話は、その伝説に由来するらしい。一〇年にわたる戦いの末、巨大木馬の奇策でトロイア城を制圧したオデュッセウスは、帰国の途についた。途中、ロートファゴイの国に上陸したおりに危難に遭遇する。ハスの実を食べた部下たちが使命を忘れ、ふぬけになってしまったのだ。

蓮の実喰いらは、私の部下の者どもに害を加える心は起こさず、ただ蓮の実を取り、喰うようにとくれたものです。部下のうちで、この蓮の、蜜みたように甘い果実《このみ》を啖《くら》った者は、みなもう帰ろうとも、報告をしに戻ろうとも思わなくなり、ただひたすら、そのまま蓮の実喰いの族《やから》といっしょに実を貪《むさぼ》って、居続けばかりを乞い願い、帰国のことなど念頭にない有様

(『ホメーロス　オデュッセイアー』呉茂一訳)

いやしかし、それがハスの実だったかどうかについては怪しいようだ。ギリシャ語のロートスはたしかに英語のロータス、すなわちハスの語源だが、古代ギリシャの伝説にいうロートスは、水生植物ではなく、陸生の植物だったという説もあるらしいからだ。しかも、英語のロータスは、ハスとスイレンの総称である。かつてハスはスイレン科に分類されていたこともあるが、現在はハス科として独立させる意見が一般的だという。つまり両者は、混同されやすいものの、科のレベルの違いがあるということだ。

ハスとスイレンそれぞれの属名は、ハスがネルンボ *Nelumbo*、スイレンはニンファエア *Nymphaea*。ネルム *Nelum* とはスリランカのシンハラ語でハスを意味する言葉である。スイレンの属名は、ギリシャ神話の水の精ニンフにちなんでいる。ちなみにロトゥス *Lotus* は、マメ科のミヤコグサの属名であり、これはインドの丸い水差し lota が語源らしい。

眠る花スイレン

スイレンは熱帯から温帯にかけて広く分布する。日本に自生するのはヒツジグサのみ。あとは栽培品種である。漢字で書けば睡蓮。眠りを誘うのはハスよりもむしろスイレンのほうなのか。名前の由来は定かではないが、通説では、眠りを誘うのではなく、自らが「眠る蓮」という意味とされる。

ヒツジグサは未草と書く。未の時刻、すなわち午後二時頃に花を開くから、と辞書にはあるが、これは事実と合わない。なぜならスイレンは朝に開花し、午後には花を閉じてしまうからだ。未草もその例に漏れない。むしろ未の刻あたりに花を閉じる草と解すべきだろう。スイレンを描いたモネの絵を、そのことを意識して見直してみるのも一興かもしれない。暮色漂う絵に、スイレンの花は描かれていないはずだ。

わが家にはささやかなビオトープがある。というと聞こえはよいが、ポリエチレン製の水槽に水を張っているだけなのだが。そこに水草としてスイレンを植えたところ、二年目あたりから花を咲かせるようになった。水中から長い茎を伸ばし、先端につぼみをつける。早朝には花を開くのだが、帰宅時にはすでに花を閉じている。しかし翌朝にはまた花を開く。

しかし、この楽しみも四日目あたりには期待がみごとに裏切られる。花の期間は数日だけなのだ。それでも初夏から初秋のささやかな楽しみではある。なにしろ「水の精」なる学名を冠せられているように、華麗な花である。

一方、蓮華《れんげ》ことハスの花には、なんとはなしに清楚さ、無垢な風情が漂う。仏教になじみ深い花という先入観も働くせいなのか。一蓮托生とは、善行を積んだ者は極楽往生し、同じ蓮華に身を託すというのが原義だとか。そこから転じて「運命共同体」的な意味になったのだろう。スイレンの花は水面に浮かぶように咲くが、ハスの花は水面からすうっと立ち上がって咲く。葉は水面に浮く浮葉と立ち上がる空中葉がある。早朝、ほのぼの明けにハス池を訪ねてみよう。文豪漱石の俳句がふと口をつく。


ほの〴〵と舟押し出すや蓮の中　　夏目漱石

千葉市検見川の遺跡から見つかった大賀ハスの種子は、二〇〇〇年以上の眠りから覚め、花を咲かせた。すばらしい生命力である。古代インドでは、ハスの花は生命の母胎である水や大地の生産力の象徴とされていた。仏教との結びつきが深いのもうなずける。極楽浄土には蓮華が咲き誇り、浮き世の記憶は昇華されるのだろう。

ロートファゴイの伝説の真偽はともかく、たしかにハスはおいしい。実もそうだがレンコンのほうも。蓮根の旬は冬だ。暑い時期に肥大した根(漢字では蓮根と書くが正確には茎)は、冬季には休眠する。つまり太らせておいて喰らうというわけ。レンコンの主成分は糖質である。単純な発想をすれば、レンコンを食べると眠くなりそうな予感がする。そうだとすると、ロートファゴイの伝説もあながち荒唐無稽ではないのかもしれない。

智慧の実

旧約聖書に登場する禁断の智慧の実はリンゴと言い慣わされてきたが、改めて調べてみるとその根拠は乏しいことがわかる。通説では、アダムとイヴはヘビの誘惑にのってリンゴを食べ、楽園を追放される。しかし、聖書に智慧の実の種類を特定する記述はない。宗教画としても、時代や地域により、禁断の果実としてはリンゴのほかに、ブドウ、オレンジ、イチジクなどが描かれている。唯一聖書に記載があるのは、智慧の実を口にして恥ずかしさを覚えた二人が、イチジクの葉を纏うという行いのみなのである(図8-1)。

女は実を取って食べ、一緒にいた男にも渡したので、彼も食べた。二人の目は開け、自分たちが裸であることを知り、二人はいちじくの葉をつづり合わせ、腰を覆うものとした。

(『創世記』三-六・七新共同訳より)

図 8-1　ルネサンス期の画家マサッチオの壁画「楽園追放」(1426〜27)．1980年代になされた修復により，原画にはなかったイチジクの葉が消された（右が修復後）

イチジク属は、世界中におよそ七五〇〜八〇〇種が分布している。われわれが食用にしているのは、中東地域を原産とするイチジク *Ficus carica* で、ヨルダンの紀元前九四〇〇〜九二〇〇年の遺跡から、完全には石化していない半化石状のイチジクの実が見つかっている。

漢字でイチジクを無花果と書くのは、「花」を咲かせることなく実をつけるからとされている。しかしじつは、イチジクの花は、花の軸が肥大して袋状になったもの（花嚢《かのう》）の中にたくさんできる。その花嚢が熟して実（果嚢《かのう》）ができる。つまりわれわれが食べている赤いつぶつぶが花なのだ。

イチジク属のすべての種は、それぞれ特定の種類のイチジクコバチという一対一の共生関係を築いている。その関係は、コバチはイチジクの花に産卵して繁殖するお返しに、花粉の媒介をしてあげるという相利共生関係である。基本的には、そのイチジクコバチがいないと受粉が成立せず、種子を生産できないのだ。

しかし、食用イチジクお抱えのイチジクコバチは、日本にはいない。日本で栽培されている食用イチジクは、受粉しなくても実が肥大して成熟する品種なのである。したがって、がぶりと噛んでも、コバチを食べてしまうことはない。

精妙な相利共生関係

日本にも、イヌビワ、ガジュマルなど、多くのイチジク属が自生している。外国産の種としては、インドボダイジュ、インドゴムノキなどの観葉植物もイチジク属である。

イチジク属には、雌雄同株の種と雌雄異株の種がある。たとえばガジュマルは雌雄同株で、イヌビワは雌雄異株である。雌雄同株の種では、それぞれ長い雌しべ、短い雌しべ、雄しべをもつ三種類の花が一つの花嚢に収まっている。それに対して雌雄異株の種では、雌株の花嚢には長い雌しべだけ、雄株の花嚢には短い雌しべと雄しべが収まっている。これらの花のうち、コバチが産卵できるのは短い雌しべだけである。長い雌しべでは、雌しべの先端から差し込んだ産卵管が付け根の子房まで届かないからだ。

膨らみ始めた花嚢の中では、雌しべが成長して受粉の準備ができている。その花嚢に、コバチの雌がやって来る。雌バチはすでに受精を終えていると同時に、イチジクの花粉も携えている。花嚢内部への入り口は狭く、しかも一カ所しかない。雌バチは、その入り口をこじ開けて内部へと侵入する。翅が体から外れ落ちてしまうほどの難行の末に、目的の雌しべを見つけて産卵するのだ。その間、花嚢の中を這いずり回るあいだに、受粉も完了する。産卵を終えた雌バチは、そのままそこで息絶える。

一方、卵から孵った幼虫は、子房を食べて大きくなる。

雌雄同株のガジュマルの花嚢では、短い雌しべからはガジュマルコバチが孵化し、長い雌しべはコバチに食べられることなく種子をつける。それに対して、雌雄異株のイヌビワの雌株に侵入したイヌビワコバチの雌は、受粉は執り行うため種子は実るが、(短い雌しべがないため)産卵はできず、そのまま死んでしまう。雄株に侵入した雌バチは、すべての雌しべに産卵と受粉をし、役割を全うする。つまり、雌雄異株の種では、雌株は種子生産用で、雄株はイヌビワコバチの揺りかご専用なのだ。コバチは、雌株と雄株を見分けることはできない。

コバチの蛹からは、雄バチが先に羽化して出てくる。ただし羽化とはいっても、雄バチには最初から翅がない。雌バチは、羽化しても自分では花に穴を開けられない。雄バチが、雌バチが羽化している花に穴を開けて交尾をするのだ。さらには、交尾をすませた雌バチが花嚢から脱出するための穴も開けてやる。雌バチは、花嚢を脱出する際に雄しべの花粉を身につけて外に飛び立ち、産卵用の花嚢を探す。

このように、イチジクとコバチの生活史は、完全にシンクロして進行する。まさに、持ちつ持たれつの関係と言えるだろう。

問題は、このように強固な一対一の相利共生関係が、八〇〇種近いイチジク属でどのようにして成立したかである。近年、各種イチジクとイチジクコバチのDNA解析が行われるようになり、それぞれの系統樹が構築されつつある。

かつては、宿主となるイチジクと寄生するコバチとが、何らかのしかたで同時に種分化することで、それぞれの多様化が進んできたという説が有力だった。しかし、DNA解析のデータが蓄積される中で、その可能性は薄れてきたようだ。

むしろ、イチジク属内の雑種化が進む中で新種が形成され、コバチがその後を追うように種分化してきたのではないかという。上述したように、同じ花嚢内で交尾が完了するため、コバチでは近親交配が起こりやすく、遺伝的変異に偏りが生じがちである。それに加えて、コバチ類が寄生すべきイチジク類の種類を間違えることが、意外と多く起きているのではないかとも考えられている。

熱帯林にはイチジク属の種がたくさん生息している。近くの植物に巻きついて成長し、ときには相手を枯らしてしまう、いわゆる締め殺し植物の多くはイチジク属である。しかも、イチジクの実を食べる動物はたくさんいるため、種子は広範囲に分散される。そうした種にどのようなコバチが飛来しているかは、あまり調べられていないうえに、イチジク属の雑種形成もよくわかってはいない。

奔放な愛を歌う

生物の分類体系を築いたカール・フォン・リンネ（一七〇七～七八）は、雌しべと雄しべの数を結婚形態になぞらえた分類法を考案した。その中でイチジクは多婚（Polygamia）綱《こう》三家（Trioecia）目に分類されている。雄花だけ、雌花だけ、雄花と雌花の両方という三つの家があるグループだというのだ。

かのチャールズ・ダーウィンの祖父で医師にして詩人でもあったエラズマス・ダーウィン（一七三一～一八〇二）は、リンネの分類法に共感し、たとえばナデシコ科で雌雄異株のセンノウ類について次のように歌い上げた。

彼女らは歓びに満ちてその比類なき華やかな衣をはだけ、
とまどう男たちを胸に抱かんとす。

（エラズマス・ダーウィン『植物の愛』拙訳）(3)

一方、『チャタレー夫人の恋人』で知られるD・H・ロレンスは、「いちじく」という詩の中で、イチジクを女性器の暗喩としたうえで、その正しい食し方と下品な食し方を説いた後で、楽園からの追放に新たな解釈を施している。

イヴはかつて「心の中で」自分が裸かだということを知ったとき、
急いでいちじくの葉を縫った、そしてアダムにも同じものを縫ってやった。

（D・H・ロレンス『愛と死の詩集』安藤一郎訳）(4)

かくのごとく、イチジクは生物学者のみならず文学者の想像力をも刺激してやまない禁断の果実なのである。

III

共生の謎

9 菌類異聞

「天高く馬肥ゆる秋」ということわざがあるが、肥えるのは馬ばかりではない。増え募るわが存在の重さのことはさておき、雨上がりの道端などには、雨後の筍《たけのこ》ならぬ各種のキノコが、一夜にしてにょきにょきと出現する。巨大なものから小粒ながら群生するものまで、じつに多彩だ。勇んで臨むキノコ狩りではなかなか見つからないものなのに、この季節の道端ではやたらに目につくから皮肉である。

大学生時代、興味本位から菌類学の授業を受けたことを思い出す。そのおかげか、子実体《しじったい》とか木材腐朽菌《ふきゅうきん》といった用語だけは今でも口を突いて出る。われわれは一般にキノコと呼んでいるが、キノコとは菌類の胞子を散布するための繁殖器官であり、子実体がその正式名称である。キノコが生えている林床の湿った落ち葉の層をめくれば、白っぽい菌糸のネットワークが確認できることだろう。菌類の実体はそちらのほうで、いわゆるキノコはかりそめの姿ということになる。ちなみにその語源は「木の子」だといわれている。朽ちかけた木に生えるものが多いからと察せられる。

肉食のキノコ

キノコというと、美味か毒かという関心しか湧かないのがふつうである。ただし同じキノコでも場所によっては弱毒で食用可能だったりすることもあるらしい。たとえば毒キノコの代名詞ともいうべきベニテングタケ（xiページ・カラー図⑤）。美しいバラには棘があり、美しいキノコには毒があると言いたくなるキノコだ。ところが長野県の菅平あたり、真田の里周辺では、ゆでて塩漬けにしたものを食す習慣があると聞いた。特に、そばつゆのダシにするとおいしいのだとか（ただし、あくまでも事情に通じた地元民の話なので、決して真似はしないように）。個人的には地元の方にベニテングタケ蕎麦を食す会の企画を提案しているのだが、未だ実現していない。

まあ、猛毒のフグだって食べる国柄なので、毒キノコを食べる知恵を見つけても不思議ではない。たとえば石川県では、古くから、猛毒であるフグの卵巣（!）をぬか漬けにして食べる習慣が伝えられている。いったい誰が最初に試したのか。

それとは別の驚きに出くわしたこともある。なんと、肉食のキノコが存在するというのだ。虫に寄生する冬虫夏草の類の話ではない。スーパーでふつうに売られているヒラタケが、じつは肉食性でもあるという話だ。いや、ヒラタケが動物を襲って食べるというわけではない。菌糸にからまった線虫——細い糸のような微小な線形動物——などを殺して消化するらしいのだ(1)。

この手の菌類は、線虫食菌類と呼ばれ、意外に多いようだ。なかには菌糸を投げ縄状にして、それで線虫をからめ捕るツワモノもいるとか。

ヒラタケが線虫を殺す仕組みも明らかになっている。[2] ヒラタケに含まれるタンパク質――ヒラタケの学名 *Pleurotus ostreatus* から pleurotolysin と ostreolysin と命名されている――が、獲物の細胞にパンチング状の孔を開けてしまうのだ(そこでこのタンパク質は孔形成タンパク質とも呼ばれている)。

ヒラタケは、広葉樹などの朽木に生える木材腐朽菌である。それも、木質部のセルロースよりもリグニンを優先的に分解することからリグニン分解菌類と呼ばれている。線虫食には、栄養分の不足を補う意味があるとされている。

ピーターラビットと熊楠先生

ところで、カラー図⑤を描いた画家の名を見て「あれっ」と思ったむきもあることだろう。そう、名作の誉れ高く、多くの人に愛されているキャラクター、ピーターラビットの作者ビアトリクス・ポター(一八六六～一九四三)その人である。

ポターはロンドンの高級住宅街ケンジントンで裕福な家庭に生まれた。幼い頃から絵が得意だったようで、一二歳のときに絵の家庭教師をあてがわれた。一家は、スコットランドの湖水地方で夏を過ごすことも多く、そこで自然に親しんだ少女は植物や化石などの水彩画を好んで描いた。一五歳のとき、近所に大英自然史博物館がオープン。少女はスケッチブックを手に展示室に通いつめるようになった。そして二〇歳の頃、森の妖精キノコに魅せられた。弟の顕微鏡でキノコを観察するうちに、スケッチだけでは飽き足らず、実験にも手を染めるまでになった。そして当時はまだ謎の多かった胞子の発芽に関する新発見を成し遂げた。

その成果は論文にまとめてロンドンのリンネ学会に提出したのだが、嘆かわしい障壁に阻まれることになった。一八九七年に会合で読み上げられたものの、印刷に付されることはなかったのだ。当時は、趣味としての博物学は女性にも普及していたが、学問の世界はまだ女人禁制の時代だったからと、長らく言い伝えられてきた。しかしじつは、査読者の修正コメントに対応して再投稿すべきところをしなかったため、そのままお蔵入りの論文となってしまったというのが事の真相らしい(3)。

その後もポターは、アカデミズムとは一線を画しつつも菌類や地衣類の研究を続けた。そのほか、ご承知のように動物絵本の名作を世に送り出した。そして晩年は湖水地方の景観保全に尽力し、遺産の一部をナショナル・トラストに託した。

菌類の研究といえば、本邦の南方熊楠《みなかたくまぐす》(一八六七〜一九四一)の名も思い起こされる。アメリカ漫遊の果てにロンドンの大英博物館の図書館で独学し、創刊間もない「ネイチャー」誌に文化人類学分野の論文を寄稿した碩学である。帰国後は和歌山県田辺町(現・田辺市)に居を構え、粘菌類を中心とした研究に勤しんだ。

粘菌類は、かつては菌類に分類されていたが、現在は原生生物とされ、菌類からは外されている。とはいえ、これもまた魅力的な森の妖精である。ポターと熊楠の奇しき因縁はそれにとどまらない。熊楠も、鎮守の森や田辺湾に浮かぶ神島《かしま》の自然保護を訴えたのだ。二人とも、森の妖精の声を聴き取っていたにちがいない。

深まる共生の謎

高山の森林帯でよく見かけるサルオガセ。漢字では猿麻桛とか猿尾枷と書く。猿のしっぽがからみかねないという謂《いい》かと思いきや、サガリオコケ（下緒苔）からの転訛とする説もある。

このサルオガセ、木の枝からただただ垂れ下がっている。植物とも違うし、苔でもなさそう。むしろ藻類、樹上のモズクといった体だ。事実、霧藻《きりも》という別名もあるという。正体を明かせば、菌類と藻類が共生した地衣類である。その形状は千変万化（図9-1）だが、たいがいの地衣類は、樹皮上や岩やコンクリートの表面上を平らに覆っている。

図9-1　19世紀ドイツの動物学者エルンスト・ヘッケルが描いた地衣類

世界には二万種近く、日本には一八〇〇種ほどの地衣類が生息している。南極の岩の表面にまで生息しており、地球の陸地表面積の八パーセントが地衣類に覆われているという推定もある。

何億年か前のこと、菌類と藻類は互いを相方にすることで生息範囲を拡大した。菌類のなかでも子嚢菌《しのうきん》と呼ばれるグループ（菌糸が膨らんだ袋（子嚢）の中に胞子が形成されるグループ）に緑藻（水生の緑色植物の総称）かシアノバクテリア（藍藻《らんそう》ともいうが、厳密には藻類ではなくバクテリアの仲間）が共生することで地衣体という特殊な体が形成される。菌類だけでそのような構造が形成されることはない。菌類はこの構造物を提供し、藻類および藍藻は、光合成によって合成した糖類を栄養分として提供する。この相思相愛の共生関係は、他に類を見ないほど麗しい関係と讃えられてきた。

ところがそこに、「待った!」がかかった。

三角関係の発覚

地衣類は単独の生きものではないという「二種複合体説」を最初に唱えたのは、スイス出身の植物学者ジーモン・シュヴェンデナー(一八二九〜一九一九)で、一八六七年九月に開かれたスイス自然史学会年会でのことだった。しかし、そんなことなどあるはずがない、と当初は猛烈な反発に迎えられた。シュヴェンデナーが用いた、菌類は主人で藻類は奴隷という比喩も反感を煽った。そこで一八七七年には、対等な関係を思わせる「共生 symbiosis」という用語が提唱された。ギリシャ語で「共に生きる」という意味である。

その後、他の生きもののあいだでも共生関係が見つかってきた。植物と根粒菌や菌根菌、サンゴと褐虫藻、藻類を体内に取り込んで光合成をするウミウシ、ウシの反芻胃の共生微生物などだ。そして極めつけは、真核生物の細胞小器官は好気性細菌やシアノバクテリアが細胞内に共生した結果である、という細胞内共生説の登場だった。

多様な共生現象が見つかるほどに、自然界にはさまざまな共生関係が存在する、という認識の出発点となった地衣類の存在感が、いや増してきた。ところが、である。二〇一六年、菌類と藻類の相思相愛関係として教科書を飾ってきた地衣類の共生が、じつは一対一の関係とは限らないという新事実が発覚した(4)。

研究チームが、北アメリカの高山帯に分布するサルオガセに似た地衣類ハリガネキノリ属の二種(*Bryoria fremontii* と *B. tortuosa*)のDNAを分析することにしたのは、たまたまのことだったという。この二種の色合いは、後者は有毒物質ブルピン酸を含み黄緑色であるのに対し、前者はブルピン酸含有量が少なく褐色である点で異なっている。しかし、それぞれの共生する菌類と藻類の遺伝子配列はほぼ同じで、遺伝学的には同種と見なせる。なのに色は違う。そこで地衣体全体のDNA解析を実施してみることにしたのだ。

すると、第三の菌類の存在が発覚したではないか。それまでも地衣類では、寄生者的にただ乗りしているような菌類や細菌の存在は知られていた。しかし今回は、地衣体の中に組み込まれて存在する酵母(子嚢菌類とは異なる担子菌類という菌類のグループ)が見つかったのだ。つまり、二種類の菌類(子嚢菌と担子菌)と藻類がルームシェアをしていたことになる。

そこで、このハリガネキノリ属二種に共生している酵母の量を調べてみた。すると、ブルピン酸の量が少ない *B. fremontii* では酵母の量が少なく、ブルピン酸の量が多い *B. tortuosa* では酵母の量が多かったという。

この発見に驚いた研究チームはさらなる調査により、六つの大陸の五二属の地衣類で、共生している担子菌を見つけた。つまり子嚢菌類と藻類の共生関係に担子菌類の酵母が同居しているケースは、決して例外ではなかったのである。

同研究チームはその三年後、北アメリカ西岸に広く分布するオオカミゴケ(*Letharia vulpina*)という地衣類で、子嚢菌、酵母、藻類のシェアハウスに同居する第二の別種の酵母を発見した(5)。

オオカミゴケ(wolf lichen)の名前の由来はブルピン酸を含むこの地衣類をアメリカ先住民がオオカミ狩りに使用していたことにある。ブルピン酸は肉食動物にだけ毒性があり、オオカミゴケの粉末を仕込んだ餌はオオカミにとっては毒餌になるのだ。

それでも地衣類に共生する酵母の役割はよくわかっていない。少なくとも、酵母と共生していない地衣類は、今のところ見つかっていない。共生する三者ないし四者の組み合わせにより、地衣類の形態や生理機構も異なることは確認できる。しかし、個々のケースで、どれがどこに効いているのかは特定できないという。事態はまさに混沌としてきている。

生物個体とは何か

共生という概念を生んだ地衣類は、長らく、平和共存という予定調和的なイメージを醸してきた。しかし近年、そのイメージはガラリと変わりつつある。共生する子嚢菌と藻類、さらに酵母(担子菌)の役割分担がよくわからないうえに、同じ組み合わせでも、別種として分類できるほど、地衣類の形状が異なっていたりするからだ。そのうえ、地衣類にはさまざまな細菌まで居候していることがわかってきている。

ということは、地衣類は個体というよりは一つのミクロな生態系であり、微生物叢《そう》(マイクロバイオータ)と考えるべきものなのかもしれない。それを構成する微生物の組み合わせによって相変異を起こし、形態も構造も色彩もまったく異なる様相を呈するようになるのだと。

かくして地衣類は、個体とは何かという従来の概念に再定義を迫りかねない存在として、われわれの前に再び立ち現れた。しかしそういえば、われわれの体にもさまざまな生物が共生している。たとえば腸内フローラ――フローラの語はローマ神話の花と豊穣の女神から転じて「植物相」「細菌叢」の意味にも使われている――は、アレルギー疾患、糖尿病など、さまざまな疾患に影響を与えていることがわかりつつある。あるいは、陸上植物の八割と共生している菌根菌は、栄養だけでなく、情報ネットワークの担い手としても機能している(第10話参照)。

厳密な意味での共生ではないが、樹皮や岩の表面を覆う地衣類にカムフラージュする昆虫もまた、地衣類と運命共同体的な関係にあるといってよいだろう。教科書に登場する有名な例は、産業革命時のイギリスにおけるオオシモフリエダシャクというガの工業暗化だろう。

このガの成虫には、翅が白地に黒い胡椒模様の入った白色型と、全体に黒っぽい暗色型の二型が知られている。白っぽい地衣類が生える樹皮にとまる白色型は目立たないが、暗色型は敵に捕食されやすい。そのため元来は、白色型のガが多数派だった。ところが工場などの煤煙で地衣類が黒ずんだことで淘汰圧が変化し、暗色型のほうが有利となり、暗色型が多数派を占めるようになった。つまり、地衣類が、昆虫の保護色の進化を促してきた可能性があるのだ。

地衣類と昆虫の保護色との関係では、最近になって最古の例が見つかった。(6) 中国の研究チームが、内モンゴル地方の、今から一億六五〇〇万年前、ジュラ紀中期末の地層から、地衣類の化石と共に、それに擬態したオオアミメカゲロウの化石を見つけたのだ。

人と地衣類の関係では、オオカミゴケは毒餌としてだけでなく、薬や染料としても使われてきたという。日本でもサルオガセは咳止めや利尿剤、強心剤として利用されてきた。すべからく自然は持ちつ持たれつの関係で維持されてきたということか。

どうやら見た目にはおなじみの地衣類もキノコ(担子菌類の子実体)も、水面下では虚々実々の駆け引きをしているようだ。

10
平和共存の森

ヒラリー・クリントンは、ファーストレディ時代に、将来の政界進出を見据えてのことか、自伝的な教育書を出版していた。題して『村中みんなで』(1)。ちょっと「?」の書名だ。原題は"It takes a village"という。これは、It takes a village to raise a child という言い回しからの援用らしい。直訳すると、「子育てには村が必要」あるいは「村中のみんなが必要」という意味になる。書名には、極端な個人主義や家族の絆だけを強調する共和党保守派に対する揶揄も含まれているのかもしれない。

ポプラの村

そんなことに連想が及んだのは、さる研究の一般向け紹介文を読んでいたら、"it took a village (of other organisms) to raise a poplar tree"という文章に出くわし、面食らったからだ(2)。ポプラがどうしたというのか? ポプラにも村が必要?

ポプラは、ゲノムが解読された最初の多年生植物という栄誉を授けられた樹木である。二〇〇六年のことだ。ポプラが選ばれたのは、成長が早く、パルプやバイオ燃料などの有用樹種として需要が高いうえに、ゲノムサイズがほどほどだったからだった。

そしてゲノムの全容が明らかになった時点で、プロジェクトはさらなる展開を見せた。ポプラの木を取り巻く土壌中の環境、そこにすむ多様な微生物との相互作用も理解しない限り、ポプラの生き方を解明したことにはならないということになったのだ。なればこそその「他の生きものからなる〝村中のみんな〟が必要」ということになる。

そこで次なる研究のターゲットの一つに選ばれたのがAM菌(アーバスキュラー菌根菌)*Rhizophagus irregularis*(旧称は*Glomus intraradices*)で、二〇一三年にそのゲノム解読が終了した。(3) AM菌というのは真菌類というカビの仲間で、植物の根に寄生する共生生物である。現在、植物のおよそ八割がAM菌と共生している。AM菌は植物の根に菌糸を挿入し、根の組織中に樹枝状体という特殊な器官を形成する。その一方で土壌中にも菌糸のネットワークを広げている。

主にリン酸のかたちで存在するリンは土壌中で移動しにくいうえに、土壌粒子に吸着されやすい。そのせいで、限られた範囲にしか根を広げられない植物は、自前の根だけでは十分な量のリンを吸収することが難しい。それに対してAM菌は、土壌中の広い範囲のどんなに狭い隙間にでも菌糸を張り巡らすことでリンを効率よく吸収する。そして樹枝状体から宿主植物に水分やリンなどのミネラルを提供する。植物のほうは、光合成で得た糖や脂質を提供している。

通常は一個の細胞には一個の核なのだが、AM菌は、胞子や無隔菌糸(隔壁のない菌糸)の中に何百個もの核をもっている奇妙な真菌類である。しかもゲノムサイズが、真菌類の中では最大規模だという。

そのうちの多くは、リン代謝にかかわる遺伝子である。その一方で、共生関係を深めた結果、不要な遺伝子の多くを欠いている。毒素を生成する遺伝子はないし、植物の細胞壁を溶かすための遺伝子ももっていない。したがって、土壌中の植物体の死骸を分解して栄養分にするという生活はできない。

AM菌は、寄生した根との細胞間コミュニケーションにかかわると思われる遺伝子も多数保有している。植物の共生関係を育む中で獲得した遺伝子群なのだろう。二〇一七年には、植物の側からAM菌に働きかけるための遺伝子も見つかった(4)。

トウモロコシは、通常は菌根菌と共生するのだが、突然変異を起こしたトウモロコシには、共生のできないものもある。正常なトウモロコシと突然変異トウモロコシのゲノムを比較すれば、AM菌との共生に必須の遺伝子が見つかる。そういう解析で見つかった正常遺伝子*NOPE1*の機能を調べたところ、信号伝達物質である*N*-アセチルグルコサミン(GlcNAc)という糖を細胞外に排出する機能があった。

もともとこの糖に関しては、感染症を引き起こすカンジダ菌の細胞内に入ると菌糸の成長を促す遺伝子を発現させ、宿主への侵入を促進することが知られていた。そこで、正常な*NOPE1*遺伝子をもつ(トウモロコシと同じイネ科の)イネの根からの浸出液にAM菌をさらしたところ、菌糸がイネの根に侵入し、共生的な感染を促す遺伝子が活性化されたという。

植物から菌根菌に対して、まるで手を差し伸べて誘うかのような仕組みが見つかったのは、今回が初めてのことだ。ケンブリッジ大学でなされたこの研究では、トウモロコシの変異体で遺伝子を特定し、それがイネで検証された。応用面を意識していることがよくわかる。作物の栽培条件下でも菌根菌との共生関係を積極的に活用することで、肥料の節約と収量の効率的な増加を目指そうというのだ。

切っても切れない仲

菌根菌は、宿主の根の内部に菌糸を伸ばし、根の内部または表面に菌根を形成する。それに対して外菌根菌は、宿主の根の内部に菌糸が侵入しないタイプの共生関係を結ぶ。有名なマツタケとアカマツの関係はこれにあたる。

北アメリカの森林で、土壌中の菌根菌と外菌根菌の存在と、樹木の多様性との関係を調べる実験が行われた(5)。その研究では、五五〇カ所から集めた土壌で、五五種の樹種の実生苗が育てられた。その内訳は、外菌根菌との共生種が三〇種、菌根菌との共生種が二五種である。その結果、菌根菌共生種の実生苗は、同種の樹木の近くから集めた土壌での成長が悪かった。病原菌や微小な動物から攻撃を受ける例が多かったからである。それに対して外菌根菌共生種の実生苗は、同種の樹木近くから集めた土壌での生育状態がよかった。つまり、外菌根菌共生種の樹種が生育する森は、樹木の多様性が低くなる傾向があったのに対し、菌根菌共生種は、樹木の多様性が高い森に生育する傾向が認められたのだ。

ただしこの関係は、どちらのほうがよいというわけではない。なぜなら、多様な樹種が混ざり合う混交林と、単一樹種が優占する単純林のどちらがよいかという価値観は、自然界では意味をなさないからだ。

菌根菌と外菌根菌と樹木との関係については、それとは別の研究結果もある。外菌根菌と共生する樹種が優占する森では、菌根菌と共生する樹種が優占する森よりも、土壌中に保存されている炭素の量が七〇パーセントも多いことがわかったのだ(6)。

これは、外菌根菌が有機態窒素分解酵素を産生することで植物による窒素の吸収を可能にし、結果的に土壌中の炭素の貯蔵量を増加させるからだ。それがなければ、土壌中の有機物はバクテリアなどに分解され、炭素は二酸化炭素となって大気中に放出される。事実、菌根菌が優占する森では、そういうことが起こっている。つまり、「キノコ」が地球の二酸化炭素の循環に大きな役割を担っているらしいことになる。これは、気候変動を考えるうえで、これまで考慮されていなかった要素である。

陸上植物は、その進化の過程で菌類と切っても切れない関係を築いてきた。その関係は、分子レベルでの共生メカニズムから大気中の二酸化炭素量にまで及んでいる。だが、わかっていないことはまだまだ多い(第11話参照)。

ただし言えることは、われわれは一人では生きられないということだろう。そう、村中みんなの存在が必要なのだ。

菌糸の地下組織

何かの啓示に導かれ、さまざまな事情を背負った人たちが各地から一つの場所に集まってくる。そんな物語を思い浮かべてほしい。たとえば、スティーヴン・スピルバーグの大ヒット映画「未知との遭遇」。あるいはW・P・キンセラの小説『シューレス・ジョー』(7)を映画化した「フィールド・オブ・ドリームス」もそうだ。そしてこのジャンルに新たな名作が追加された。リチャード・パワーズの重層的な小説『オーバーストーリー』(8)である。

いわく付きの登場人物たちが北アメリカ北西部の森に呼び寄せられる。巨樹が茂る森の地中には不思議なネットワークが張り巡らされている。異なる樹種のあいだでも情報や栄養を交換し合うこの地下組織の存在を暴いたパトリシアは、植物学者仲間からナンセンスな研究との烙印を押され、科学者コミュニティから追放されたかたちとなり、森で隠遁生活を送っていた。しかしやがて、彼女の発見を裏付ける新たなデータが得られ、森で樹木たちが交わすコミュニケーションの存在が解き明かされていく。その一方で、巨樹を守るための闘争が思わぬ展開をたどる。

古来、巨木や森は人々に畏怖され、ときには信仰の対象にさえなってきた。しかし、孤立した巨木に未来はない。周囲を囲む仲間との交雑や、ついに寿命尽きて倒れた後の倒木更新による次世代への貢献がなければ、一本の蠟燭のようにやがて燃え尽きるのみ。継ぎ足されてこそ、命の炎は受け継がれていく。

パトリシアには実在のモデルがいる。現在はブリティッシュコロンビア大学教授で「森の探偵」を自称するスザンヌ・シマードだ。フランスからカナダに入植した木こり一族の家系に生まれた彼女は、ブリティッシュコロンビア州にあるモナシー山脈の懐に抱かれ、「森の少女」として育った。そこにはなんと、一族の名を冠したシマード山まであるという。

オレゴン州立大学で森林学を学んでいたシマードは、夏休みを利用して林業会社のインターンに参加した。山の斜面を登りながら、伐採予定地域の線引きをし、皆伐の範囲を決める作業の手伝いだ。しかし、森の主のような大木まで伐採区域に入れて利益を追求することに、どうしようもない違和感を覚えたという。

さらに、伐採地の裸地に植林したトウヒの苗はうまく根付いていなかった。引っ張ると簡単に抜けてしまうありさまで、根が元気に育っていなかったのだ。それにひきかえ、たまたま近くに残されていた森の縁で育っていた実生の若木の根は、土をしっかり抱え込んでいるではないか。土を洗い落とすと、菌糸にくるまれた元気な根が現れた。これが、元気な若木と枯れそうな植樹苗とを分けている違いなのではないか。シマードの独創的な研究はそこから始まった。

樹木は会話を交わしている？

元気な若木の根を包んでいたのは、前述した、植物の根と外生菌(外菌根菌)類との共生関係の産物だった。

シマードは、外生菌は複数の樹木を連結することで、樹木間のコミュニケーションの仲介もしているのではないかと考えた。しかし「森の少女」のそんな突飛な考えを、当初は誰も相手にしなかった。

科学の世界では実証的な研究が必要である。シマードは、炭素同位体を用いた実験を計画した。外生菌を通じて栄養素が一方向に移動する現象は、他の研究者によって実験室で確認されていた。シマードの関心は、野外の樹木間で、栄養素が行き来するかどうかにあった。実験対象には、同じ種類の外生菌と共生するアメリカシラカンバとベイマツ(ダグラスファー)を選んだ。それぞれの株をビニール袋で覆い、それぞれにC^{13}とC^{14}という異なる炭素同位体の炭酸ガスを封入した。光合成によって生産された糖などの炭水化物は、それぞれ異なる炭素同位体でマークされているはずだった。

実験の結果、アメリカシラカンバとベイマツのあいだでの炭素の交換が確認された。一方、同じ区画に生えていたベイスギへの炭水化物の移動は確認できなかった。ベイスギは外生菌との共生をしていないのだ。

そのほか、ベイマツに対する日当たりの条件を変えて測定した結果、日当たりが悪いほど、アメリカシラカンバからベイマツへの同位体炭素の移動が多く確認された。つまり、たくさんの日光を浴びてたくさんの糖を生産したアメリカシラカンバから、日当たりの悪いベイマツに、光合成が阻害された割合に応じた量の糖が提供されていたのだ。

これを、アメリカシラカンバとベイマツの混交林で考えると、アメリカシラカンバが枝葉を茂らせた林床でも、ベイマツは、外生菌根を通してシラカンバの光合成産物を分けてもらうことで成長できることを意味している。あるいはその逆もあった。秋になり、葉を落として光合成をやめたアメリカシラカンバに、ベイマツが糖を供給していたのだ。かくして地中のネットワークによる相互扶助により、森の多様性が維持されていることがわかった。これをシマードは「樹木は会話を交わしている」

と表現する。
この研究成果が一九九七年に「ネイチャー」誌に発表されたことで、森の樹種をつなぐ外生菌のネットワークに一躍注目が集まることになった(9)。
シマードは研究をさらに発展させ、樹木は外生菌が吸収した無機栄養素やホルモン物質などを交換しているほか、害虫到来警報を外生菌のネットワークを通じて他の樹木に発していることも突き止めたとも主張した。しかも、その信号伝達系は、ヒトの神経細胞のそれととてもよく似ているようだとの主張も。

森の地中に張り巡らされたネットワークはどこまで広がっているのだろうか。その後の研究で、シマードは、このネットワークにはハブとなる樹木が存在すると考えるようになった。たとえば一本のベイマツの大樹は、何百本もの樹木とつながっていたりする。大きなネットワークだと、そういう木が何本か存在している。シマードはそういうハブになる木を「マザーツリー」と呼んでいる(10)。この擬人化は科学系メディアで大いに受け、地中に張り巡らされたネットワークは、インターネットのワールド・ワイド・ウェブ(WWW)ならぬ「ウッド・ワイド・ウェブ(WWW)」と呼ばれるようにまでなった。

マザーツリーは、自分の種子から発芽した苗を識別し、わが子が根元で育ちやすいような空間を地中に用意し、栄養素などを多めに供給しているとの主張には、裏付けのない擬人化のしすぎだとの批判がある(11)。地中のネットワークによる栄養素の交換に関する追試験の結果には環境条件によるばらつきが多く、確言はできない、持ち上げすぎだというのだ。それについては今後の研究の展開を待つしかない。

たしかにマザーツリー説は風呂敷の広げすぎかもしれない。それでもシマードは、森の声に耳を澄ませることの大切さを説き、皆伐法に代わる新たな林業のあり方を世に訴える活動に力を入れている。その点については傾聴に値するのではないだろうか。

11 緑の上陸作戦

生物進化を語る段になると、どうしても動物に目が行きがちである。バージェス動物群や恐竜など、派手な種類を擁することや、われわれ自身が哺乳類の一員であるということもあるのだろう。しかし、植物がいなければ動物の生存はままならない。その一方で、たとえ動物がいなくても、植物は自立自存可能である。

そもそも植物は動物に先んじて、上陸を果たしていた。バクテリアがまばらに覆う程度だった荒地を緑の沃野に変えたのが植物である。植物の上陸こそが、現在の地球環境を生んだパイオニアだったのだ。

地球緑化共同作戦

植物の初上陸はオルドビス紀(約四億八五〇〇万〜四億四三〇〇万年前)前期のこととされている。すべての陸上植物の直系の祖先は藻類で、おそらく淡水に生息していたアオミドロの仲間(接合藻類)だったのではないかと考えられている。水中生活をしていた祖先が、陸上の乾燥や紫外線に耐えられる形質を進化させたことで、上陸が可能となった。

藻類や陸上植物の強みは光合成によって有機物を自己生産できることだ。これならば有機物に乏しい不毛な土壌でもやっていけそうだ。しかし、それ以外にリンや窒素などの無機栄養素も必要である。水中に溶け込んでいる無機栄養素を細胞表面から吸収している藻類は、植物のように根を張る必要はない。

腐葉土など存在しない大地に上陸してしまった陸上植物の祖先は、どうやって無機栄養素を手に入れていたのだろうか。どうやら助っ人の手を借りることにしたらしい。その助っ人とは、一足先に上陸していたと思われる菌類である。なにしろ現在、植物種のじつに三分の二（八割とも）は、何らかの菌根菌（AM菌）と共生関係にあるといわれているのだ（第10話参照）。つまり、先に植物は自立自存可能と書いてしまったが、正確にはそうではないことになる。では、この共生関係はどのようにして実現したのだろう。

ヤヌス的なメッセンジャー物質

種子植物がAM菌と共生するにあたっては、根からストリゴラクトンという信号伝達物質を放出することでAM菌の菌糸の分岐を活発にし、自分の根への共生を促すことが知られている（第10話で紹介した*N*-アセチルグルコサミンよりもストリゴラクトンの機能のほうが重要）。その一方でストリゴラクトンは、種子植物の体内ではホルモンとしても機能し、成長を調整している。

その働き方をまとめてみよう。種子植物は、発芽後、体内でストリゴラクトンを合成する。ストリゴラクトンが根から放出されると、それを感知したＡＭ菌が植物の根に菌糸を挿入して根の組織中に樹枝状体を形成し、土壌中から集めたリンを供給するようになる。リンの栄養状態がよくなった植物は、ストリゴラクトンの合成を停止する。植物体内でホルモンとして働くストリゴラクトンは、植物の枝分かれを抑制することで成長を制御する。つまり、栄養状態が改善されてストリゴラクトンの合成が止まることで、植物は活発な成長を再開できるのだ。

ところがリンが欠乏すると、再びストリゴラクトンの合成が誘導され、植物体の成長が抑えられると同時に、ＡＭ菌への集合の合図が送られる。すると再び根から放出されたストリゴラクトンがＡＭ菌の共生と樹枝状体形成を促進し、リンの吸収を活発化させることになる。

ローマ神話の二面神ヤヌスは、門の守護神として扉の開閉を司っていた。成長と栄養補給のアクセルとブレーキを切り替えているストリゴラクトンという物質も、まるでヤヌスのような存在ということになる。

ここで一つの疑問が湧く。植物が合成するストリゴラクトンには初めからこの二面的な機能があったのだろうか。この疑問に答えたのが、東北大学の経塚淳子教授の研究グループである(1)。

ストリゴラクトンのデュアルユース

陸上植物の共通祖先に連なる系統で、最初に分かれたのがコケ植物だった。したがって、まずはコケを調べるべきだろう。フタバネゼニゴケというコケもAM菌と共生している。ただしコケには根がない。その代わりにあるのが仮根《かこん》という固着装置なのだが、これ自体に栄養素や水分を吸収する機能はほとんどない。

AM菌はフタバネゼニゴケの仮根から侵入し、葉の中に樹枝状体を形成する。フタバネゼニゴケがストリゴラクトンを合成しているかどうかを調べると、たしかに合成していた。しかも、リンが欠乏するとストリゴラクトンの合成量が増加したという。また、ストリゴラクトンを合成しない変異体を作製したところ、形態的な違いは見られないものの、AM菌との共生は起こらなかった。

フタバネゼニゴケのこの性質から、おそらく「元祖コケ」もストリゴラクトン合成能力を獲得したことで、AM菌との共生能力を獲得し、陸上での生育が可能となったものと推定される。

では、種子植物の成長制御物質としてのストリゴラクトンの機能はどのようにして生じたのだろう。フタバネゼニゴケの体内では、ストリゴラクトンはいかなる機能も果たしていない。というか、それを植物ホルモンとして感受する仕組みが発達していないという。

ホルモンを信号として認識するには、その受容体というものを備えていなければならない。種子植物のストリゴラクトン受容体は、D14というタンパク質である。そしてこのタンパク質の合成を司令する遺伝子は *d14* と表記される。コケ植物やシダ植物は *d14* 遺伝子をもっていない。その代わりというわけではないが、*d14* とよく似た *kai2* という遺伝子をもっている。

この *kai2* 遺伝子は、コケ植物とシダ植物のみならず、裸子植物と被子植物からなる種子植物を含むすべての陸上植物がもっている。この遺伝子によって合成されるKAI2というタンパク質は、山火事の煙に含まれるカリキンという物質を感知(受容)することが知られている。この機能により、火事で焼き払われた空き地でいち早く発芽することが可能となる。しかし、すべての陸上植物がもっている遺伝子だけに、それ以外の重要な機能も担っているのではないかと考えられている。

さてそこで、種子植物は *d14* 遺伝子をどうやって獲得したのか。ここでは、ある事柄を説明するにあたっては最小限の仮定ですませるというオッカムの原理(第4話参照)を適用する。すなわち、すべての陸上植物は *kai2* 遺伝子をもっており、*d14* 遺伝子と *kai2* 遺伝子の塩基配列はよく似ていることから、コケ植物やシダ植物と共通の系統から分かれた種子植物の共通祖先が、*kai2* 遺伝子を少し変えることで *d14* 遺伝子を獲得したと考えるのだ。しかし陸上植物は、*d14* 遺伝子を獲得したあともなお、*kai2* 遺伝子をもっている。これについては、遺伝子重複という仕組みで説明がつく。

遺伝子重複というのは、突然変異によってDNA中のある遺伝子を含む領域がコピーされて重複する現象をいう。重複した遺伝子は、当座は何の機能ももたないため、さらなる突然変異が起きやすく、それによって新しい機能を獲得する余地が生じる。いうなればスペアが偶然手に入ったようなものだ。あとはしばらくさらなる偶然による変異が起こるに任せておき、出番が来るまで待機させておくというわけだ。

新しい遺伝子の進化には遺伝子重複が重要な役割を果たすという遺伝子重複説は、アメリカ、シティー・ホープ研究所の大野乾《すすむ》博士(一九二八〜二〇〇〇)が一九七〇年に提唱した。大野博士はそのほかにも、進化は「一創造百盗作」だと喝破し、進化の歴史とは遺伝子重複などにより、既存の適応を別の適応に転用すること——まさにブリコラージュ——の繰り返しだったとの持論を展開した(2)。

それはともかく、種子植物では、祖先が保有していた *kai2* 遺伝子が重複されてスペアができ、それがやがて少し変異してストリゴラクトン受容体タンパク質D14の合成を指示する遺伝子 *d14* が獲得されることになったと考えられる。試しにフタバネゼニゴケにこの受容体遺伝子を導入したところ、ストリゴラクトンの信号を感知することが確認されたという。

というわけで、植物とストリゴラクトンをめぐる進化の筋書きが見えてきた。元祖コケにおけるストリゴラクトンのそもそもの機能は、仮根から土壌中に放出されてAM菌との共生を促進することだけだった。そしてそれが後に種子植物を生んだ系統で植物体内のホルモンとしても受容する準備ができたことで、成長とリン吸収の切り替え機能ももつようになったのだ。

地球の緑化に大きな役割を担っているストリゴラクトンだが、じつはやっかいな事態も引き起こしている。アフリカなどのイネ科やマメ科の畑では、ハマウツボ科のストライガという寄生植物が甚大な被害を及ぼしているのだ。ストライガの微小な種子は、土壌中で何年も休眠できる。そして、その場所でたまたま作物が栽培されることになり、作物の根から土壌中にストリゴラクトンが放出されるとそれに反応して発芽し、作物の根に寄生して栄養分を吸い取ってしまうのである。なんともしたたかな戦略ではないか。ストライガの英名は witchweed すなわち「魔女草」である。

先日、仙台の自宅の近所を散歩していたら、アカツメクサの群生地に、褐色の違和感のある植物が混じって生えていた。ヤセウツボという寄生植物である（xiページ・カラー図⑥）。ヤセウツボもハマウツボ科の寄生植物で、マメ科やキク科の植物に寄生する。原産地は地中海地方で、日本では一九三七年に千葉県で初めて確認されたという。おそらくマメ科の牧草に混じって持ち込まれたものと考えられている。現在は本州と四国に分布している。ストライガと同じく葉緑体を欠くため、緑色ではなく紫褐色である。この仲間の英名 broomrape は、一見、マメ科の植物(broom)をレイプするというおぞましい意味にとれる。ただしこの解釈は早計である。この場合の rape の語源は「根茎」を意味するラテン語の rapum だからだ。つまり「マメ科の根に生える」という意味なのだ。言葉の変遷もまた、生物の進化に似て、ダーウィンの言う「変化を伴う由来」と言い換えられる。

生活を豊かにしてくれる科学技術は、ときに軍事用にも転用できる。これをデュアルユースというが、植物にとっては天啓だったストリゴラクトンも、まさにデュアルユースで利用されてしまっているというわけである。これもまた二つの顔をもつヤヌスのなせるわざというべきなのかどうか。

深呼吸の起源

清涼な空気にあたると、つい深呼吸をしたくなるものだ。緑の植物は、光合成によって酸素を放出するが、呼吸では酸素を吸収して二酸化炭素を放出している。しかし光合成では二酸化炭素を吸収しており、酸素と二酸化炭素の収支に差は出そうにない。

では、原始地球ではどうだったのか。

現在の大気中の酸素濃度は二一パーセントである。しかしかつての地球の大気中には酸素がなかった。気体の酸素が出現したのは、二七億年ほど前に出現したシアノバクテリアが海の中で光合成を開始し、海水中に酸素を放出するようになったのがきっかけとされている。

シアノバクテリアが放出した酸素は、海水中に溶けていた鉄と反応し、大量の酸化鉄を堆積させた。現在、世界各地で、その時代の地層から見つかる縞状鉄鉱層はその名残である。

酸素の放出は、生物にも影響を及ぼした。酸素呼吸をする好気性原核生物が出現したのだ。酸素呼吸は、嫌気性の代謝よりもエネルギー効率が高い。その結果、好気性原核生物はそれまで主役だった嫌気性原核生物に取って代わり、大いに繁栄することになった。その後に進化した生物のほぼすべては好気性である。嫌気性の微生物は、ドブ川や硫黄泉などで命脈を保っている。

海水中の鉄がすべて酸化されると、行き場を失った酸素は大気中に放出されることになった。大気中にも大量の酸素が放出されたことで、大気圏上層にオゾン層が形成され始めたのは、今から五億年ほど前のことである。

オゾン層には、生物にとって有害な紫外線をカットするという重要な働きがある。オゾン層が存在する前の時代、生物は紫外線を吸収する水中でしか生きていけなかった。つまりオゾン層の形成により、生物の陸上進出が可能となったのだ。

今から四億七〇〇〇万年前、最初に上陸したのは維管束をもたない植物だった。見つかっている最古の植物化石は、約四億四〇〇〇万年前のシルル紀の地層から出土するクックソニアと呼ばれる、コケ植物とも異なる非維管束植物である。

しかし陸上植物の起源については、もっと早かったとする研究成果が二〇一八年に出されている。[3] コケ植物と維管束植物の各種分岐年代測定の比較研究から、陸上植物の起源はカンブリア紀(約五億四〇〇〇万〜五億年前)にまで遡るというのだ。つまり五億年前にはすでに登場していたことになる。だとすると、オゾン層形成に先立つ可能性もあるわけで、オゾン層の形成年代も遡るのか、紫外線に耐える植物が上陸したかのいずれかということになる。

現在の大気中の酸素濃度二一パーセントにいつ達したのかについても、まだ定説はない。教科書的には、三億八〇〇〇万年ほど前のことだったとされている。しかし、四億年前にはすでに現在と同じ濃度に達していたのではないかという研究が発表された。[4] しかもその主役は、水中のシアノバクテリアではなく、陸上の非維管束植物だったのではないかという。

陸上植物の起源が五億年前かそれ以前だとしたら、大気中の酸素濃度が二一パーセントで飽和するまで、一億年の猶予があったことになる。さらには、維管束植物の起源はオルドビス紀後期とされているので、最後は維管束植物も酸素濃度上昇の後押しができたことになる。

空気清浄伝説

一九八九年九月、アメリカ航空宇宙局、通称NASAから一つの報告書が出された。[5] そのタイトルは、「屋内の空気汚染削減のための観葉植物」。宇宙船などの密閉された空間の空気清浄に植物が有効かどうかを調べた研究報告書である。

実験では、縦横高さ七六センチメートルと縦横七六センチメートル、高さ一五三センチメートルのプレキシガラス製の箱に、イングリッシュアイビー(セイヨウキヅタ)やアレカヤシなどの観葉植物の鉢を一つずつ入れ、ベンゼン、トリクロロエチレン、ホルムアルデヒドという発がん性の疑いのある物質をどれくらい吸収するかを測定した。

結果は、たとえばベンゼンについては、二四時間で容器中の濃度が四八〜八九パーセントほど減少した。なるほど、植物は空気清浄に有効なようだ。かくしてNASAのお墨付きが出たことで、園芸メーカーによる、観葉植物は部屋の空気をきれいにするというキャンペーンが開始された。試しに検索してみれば、NASAも推奨すると謳った販売サイトがいくつも見つかるはずである。

そういえば、NASAの名は聞かなかったにしろ、部屋に観葉植物を置くと部屋の空気がきれいになると、世間ではなんとなく信じられてきたような気もする。では、それを実証した研究はあったのだろうか。

フィラデルフィアにあるドレクセル大学の研究者は、そんな疑問にかられて、過去一〇年間に発表された一二件の科学的な研究を改めて検討してみることにした[6]。それらの研究で調べられていた植物は一九六種類にのぼる。その結果、三〇年前のNASAの研究データと同じように、植物には確かに空気中の有害物質を吸収する力があることがわかった。しかし、有害物質を有意に除去していた条件は、いずれも密閉した容器内での測定だった。

市販の空気清浄機の性能と比較した研究者は、ふつうの室内では観葉植物よりも空気清浄機の効率のほうがよいとの判定を下した。さらには、観葉植物に期待するよりも、むしろ換気に気を配ったほうがはるかによいとの意見も。

部屋に緑の植物があると、気のせいかもしれないが、目に優しいし、健やかな気持ちにはなる。したがって、科学的かどうかは別にして、室内に観葉植物を置くことにはそれなりの効用があるといってよいだろう。ただし、空気清浄の謳い文句は幻想ということになった。

現在、国際宇宙ステーション(ISS)では植物が栽培されている。ただしそれは、空気清浄のためではなく、将来の長期滞在に備えて野菜を自給自足するための実験としてである。ちなみに、栽培されているのは、水菜、レッドロメインレタス、東京べか菜だという。しかも、収穫された野菜は食べずに、調査のために地球に持ち帰るのだそうだ。

それはともかく、今われわれが深呼吸できるのは、史上最大の上陸作戦を敢行した非維管束植物、つまり日陰の存在と目されがちなコケや地衣類のおかげなのだ。そういえば苔玉が静かなブームだと聞く。部屋の中でコケと対話しながら、太古の地球でコケたちが果たした偉業に思いを馳せるのもまた一興だろう。

IV

進化と生態系をめぐる綾

12

意外に保守的な文化戦略

人類の進化にとって火の使用が重要だったことは疑いない。火をコントロールできるようになったことで、狩りで仕留めた獲物の肉を焼いたり、暖をとったり、疎林を焼き払い植物を芽吹かせることで獲物となる動物を呼び寄せたり、などといったことが自在にできるようになったはずなのだ(第2話参照)。

料理の起源

火の使用は、古くは八〇万年ほど前に遡る。直立原人ホモ・エレクトゥスに近いハイデルベルク人の遺跡から、たき火跡が見つかっている。自然発火した火を燃やし続け、暖をとったり肉を焼いたりしていたのだろうか。

イスラエル北東部、ヨルダン渓谷北部にある旧石器時代のベノートヤーコフ橋遺跡からは、七八万年前のたき火跡が見つかっている。二〇一六年一二月に発表された研究成果によれば、その遺跡から五五種類以上の食用可能な植物の遺物が見つかったという(1)。

それらの遺物は、自然現象による堆積層とは明らかに異なる堆積物であり、人類によってその場所に運ばれて堆積したものと判断できるという。動物の遺物や石器などもいっしょに見つかっている。見つかった木の実、果実、種子、葉や茎、根菜などの中には、現在の同地域からは見つからない種類一〇種も含まれていた。

当時のそこは、フラ湖(旧約聖書ではメロム湖)のほとりで、ヒシの実など食用可能なもの七種が確認されている。七八万年前のその地域は、現在よりも植生豊かな「エデンの園」だったのかもしれない。アフリカを出た人類は、レバント回廊と呼ばれるその地域を通ってヨーロッパに広がっていったのだろう。

見つかった遺物の中には、火で焼いた痕跡を残すものもあるようだ。加熱処理によるあく抜きなどで、生では食べられないものを食用にしていた可能性もある。このときの調査では、植物繊維や薬、魚毒、道具製作に用いられた可能性のある植物種は調べていない。そこまで調査を広げれば、原人が自然環境を活用していた詳細が、さらに明らかになりそうだ。

植物や肉をそのまま火にかざしても、熱処理ができる。しかし、木の実や種子、根菜などを煮て調理するには容器が必要である。見つかっている最古の土器は、一万五〇〇〇年ほど前のものとされている。ネアンデルタール人はその二万五〇〇〇年前には絶滅しているので、その製作者は現生人類であるホモ・サピエンス(クロマニョン人)ということになる。そうした土器による調理の痕跡は、これまでも確認されていた。しかしそれらはみな、動物性食物の調理に使われていた痕跡だった。植物性食物の調理については、これまでなぜか確認されていなかったのだ。

植物性食物の調理については、二〇一七年に新たな展開があった。北アフリカでなされた注目すべき発見が報告されたのだ(2)。人類は一万年前に、火にかけた土器で野生植物を調理して食べていたことが確認されたというのだ。

リビアの砂漠で発掘された素焼き土器の内面に残っていたオイル成分を分析した結果、穀類や陸上植物の葉など、さまざまな植物成分が確認された。珍しいところでは水生植物も調理されていたようだ。サハラ砂漠のそのあたりも一万年前は緑豊かな水辺のオアシスだったのだろう。当時の人類はまだ、狩猟採集生活をしていた。野生の植物を調理することで、食生活の幅は、栄養面も含めて格段に広がったはずである。

農耕生活の功罪

狩猟採集生活というと、女たちが集めた植物と男たちが持ち帰った肉をみんなで分け合って食べるというイメージが浮かびがちである。しかしアフリカやアマゾンなどで狩猟採集生活をしている部族の研究によれば、狩りの獲物はしとめたその場で食べられることが多く、主食は採集した植物性のものだという。過去においてもそうだったと思われる。

採集した植物の調理は、人類の生活に革命をもたらしたのではないか。そして寿命は短かったにしろそうした生活は、のんびりしていて存外幸福なものだったのかもしれない。人類の系統は、二五〇万年間もそうやって生活していたのだ。

中近東の肥沃な三日月地帯で農耕が開始されたのは、今から一万年ほど前のことらしい。一般にはそれを農業革命と称し、文明の発祥を画する出来事とされている。そしてその文明は社会を複雑なものとし、貧富の差を生み、あくせくと働かねばならない制度をもたらした。宗教もその一環として生まれた。以来、人類はコムギやコメ、トウモロコシなどの品種改良に精を出し、収穫量の増産に努めてきた。話題になった本『サピエンス全史』の著者ユヴァル・ノア・ハラリは、それは誰にとっての幸せだったのかと問う(3)。それは、たとえばコムギの繁殖戦略だったのではないかと。

しかし、農耕の開始はそれほど劇的な転換点ではなかったという反論もある(4)。新大陸では、農耕が始まる前から大きな都市が繰り返し出現していたことを示す遺跡が見つかっているという。狩猟採集生活から農耕定住生活への移行という図式は、原始社会から文明社会への移行という、社会進化論の偏見が生んだ幻想かもしれないというのだ。

もっとも一万年前以前は、コムギは中東の荒れ地に生える野草にすぎなかった。それが今や、コムギの作付面積は二二五万平方キロメートルに及んでいる。日本の面積のおよそ六倍にあたる面積だ。ふつうは、ヒトはコムギを栽培化したという言い方がされる。しかしほんとうにそうなのだろうか。われわれはコムギに家畜化されたのだと、ハラリは言い切る。この逆転の発想には一理ある。

コムギやコメを主食にすることで、ヒトは肥満を手に入れた。炭水化物に含まれる糖質は、体内で脂肪に変わる。その脂肪は、運動によって燃やさないかぎり体内に蓄積していく。ヒトは肉を食べるから太るとはかぎらない。糖質を食べることでも太るのだ。なんということだ。いやもちろん、バランスのよい食事と適度な運動を心がければ問題はない。だが、食べるために運動するというのも、なんだか本末転倒ではないか。

しかし、すべては今さらの話なのである。

神農伝説

猛毒のフグを好んで食べる日本人は、世界的な基準からすれば「クレージー」ということになる。たしかに、厚生労働省の統計によれば、二〇〇八年から二〇一七年までの一〇年間で、フグによる食中毒の件数は二三〇件、患者数は三三二名で、死者の数は六名にのぼっている。

フグの毒は、肝臓や卵巣、フグの種類によっては皮膚や筋肉などに含まれるテトロドトキシンという神経毒で、神経の機能に必須のナトリウムチャンネルをブロックし、全身麻痺による呼吸困難、心拍数の異常を引き起こし、少量でも死に至る。毒の強さは、青酸カリの一〇〇〇倍以上といわれている。そんなフグが、いったいどのようにして食用に供されるようになったのだろう。

アメリカの進化発生学者ショーン・キャロルの著書『適者を創る』(5)に興味深い逸話が紹介されている。一九七九年、アメリカのオレゴン州で、二九歳のタフガイが急性中毒で死亡した。酔った勢いで地元の湖に生息する体長二〇センチメートルほどのイモリを飲み込んだ結果だという。酔狂が死を招いたわけだが、飲み込んだイモリがいけなかった。そのクレーターレイクサメハダイモリの皮膚は、ヒト一人の致死量をはるかに上回るテトロドトキシンを分泌していたのだ。

この事件の教訓はと問われれば、いかなることがあってもクレーターレイクサメハダイモリを食べてはいけないということになる。しかし、同じテトロドトキシンを含むフグは、長年にわたって食用に供されてきた。食べられる部位と食べられない部位を同定するための試行錯誤で、はたして過去何人が犠牲になったことやら。

もちろん、トリカブトなど、有毒な植物も数多い。トリカブトの毒はアコニチン系アルカロイドで、これも重篤な場合は呼吸不全で死に至る。ただしトリカブトは、古来、漢方薬としても知られてきた。弱毒処理を施したうえで処方することで、強心作用や鎮痛作用があるといわれている。

薬草に限らず、食用になる植物の種類と食べ方については、生活の知恵として言い伝えられてきたり、書物に編まれたりしてきた。古代中国では植物を中心とした薬物を研究する学問を本草学《ほんぞうがく》と称し、その知識を集成した本草書が伝えられてきた。いうなれば西洋の博物学、自然史学に相当するジャンルといえるだろう。伝えられている中国最古の本草書は『神農本草経』というもので、西暦一世紀頃、後漢の時代にまとめられたらしい。この書は、古代中国の伝説の王である炎帝神農の教えを後世の人がまとめたとされている。

神農は医療と農耕の術を世の中にもたらした牛頭人身の半神半人である(図12-1)。鍬《くわ》や鋤《すき》などの木製の農具を開発して人に農耕技術を教え、穀物の栽培を推奨したという。さらに、民が病気に苦しむのを見て、一〇〇種の草を自ら食してその毒性と効能を試した。腹が透明だったため、腹の中で黒変した草は毒草と判断したとか、毒にあたっても生き返ったとか、茶葉を解毒剤にして助かったともいわれている。しかし、猛毒のアルカロイドを含む断腸草（蔓性常緑低木のゲルセミウム・エレガンス）を試した際には解毒剤が間に合わず、齢一二〇にしてついに亡くなったという。

『神農本草経』は、三六五種の薬物を、その毒性に応じて上薬・中薬・下薬の三種類に分類した三巻本だったという。原本は伝わっていないが、中国六朝時代の本草家、陶弘景《とうこうけい》（四五六〜五三六）が全文を書き写し、そこに自らの知見を加えて『本草経集注《ほんぞうきょうしっちゅう》』三巻本を世に残した。

図 12–1　薬草の吟味をする牛頭人身の炎帝神農．明代の画家，郭詡（1456–1532）が 1503 年に描いた

食文化の伝承

いっとき、街のいたるところにタピオカドリンクの店がオープンしていた。かつてはアジア系エスニック料理店のデザートとしてしかお目にかからなかった食材が、インスタ映えするドリンクとして大人気になった。丸い小粒の不思議な存在であるタピオカの正体は、熱帯地域で広く栽培されているキャッサバのイモ（塊根《かいこん》）からとった糊状のデンプンをまるめて丸薬状にしたものである。

茎を地面に挿《さ》すだけ、と栽培が簡単なうえに干ばつにも強く、しかも単位面積当たりの収量ではイモ類や穀類よりも大きいキャッサバは、世界中の熱帯地域で栽培されている。原産地は南アメリカで、栽培の歴史は一万年にも及ぶ。

栽培が簡単で栄養価も高いキャッサバだが、食用にするには大きな問題がある。品種や栽培条件によっても異なるが、シアン化水素、すなわち青酸化合物を含んでいるのだ。そのため、食べるにあたっては毒抜き処理が必要となる。南アメリカの先住民は一万年前に毒抜きの方法を開発し、食材にしてきた。

ハーヴァード大学の人類進化生物学者ジョセフ・ヘンリックは、二〇年にわたる研究成果をまとめた著書において、ヒトが他の人類から抜きんでて進化を加速させた理由に迫っている[6]。ヘンリックによると、南北アメリカ大陸では何千年も前から高毒性のキャッサバ品種が主食とされてきた。高毒性品種のほうがやせた土地でも育ちやすく、害虫や害獣の被害にもあいにくいという利点があったからだろう。

たとえばコロンビアのアマゾン川流域の先住民トゥカノ族は、複雑な下処理法を文化として伝えている。キャッサバイモの皮をむいてすり潰し、水にさらしてデンプンを沈殿分離する。上澄み液は煮立てて無毒化して飲料とし、デンプンは二日以上放置してからパンのように焼いて食べるのだという。

低毒性の品種の中には、ゆでるだけで毒抜きができるものもある。高毒性の品種でも、ゆでると苦みが減り、下痢、胃腸障害、嘔吐などの急性毒性は出なくなる。しかし、急性中毒にはならなくても、慢性中毒の危険が残る。ある日突然、神経障害、下半身麻痺、甲状腺異常などの症状が現れる恐れがあるのだ。

前述のトゥカノ族では、シアンによる慢性中毒症状はいっさい見られないという。それは、調理をする女性たちが一日の四分の一近くの時間を要する下処理を、毎日せっせと繰り返すからである。理由は理解しないまま、親から教えられた調理方法に忠実に従っているのだ。それが、長期的に見れば一族の健康を維持することにつながっている。このキャッサバの複雑な下処理方法は、繰り返し発明された技術ではなく、栽培化当初のやり方が伝承によって踏襲されてきたようだ。人類はそうやって少しずつ、食用植物の範囲を広げてきたのだろう。

じつは伝承にもまた、ヒトの重要な特性が関係している。イギリスの行動・進化生物学者ケヴィン・レイランドによれば、ヒトでは教示能力が発達したことが大きかったという(7)。何かを教えるという行動が見られるのは、ヒトだけだというのだ。つまり教え合う、模倣し合うことで、生存繁殖に有利な行動が広まる。コミュニケーション能力が高まることで、教示の精度も上がった。言語の獲得もその一つ。そうやって有利な行動は累積し、文化として定着してきた。

その教示行動が働かないとどうなるかを教えてくれる傍証がアフリカで見つかる。ポルトガル人がキャッサバをアフリカに持ち込んだのは、一七世紀初めのことだった。しかしその時点では、毒抜きの方法もその必要性も伝えられなかった。キャッサバの栽培は急速に広まったが、現在に至ってもまだ、慢性シアン中毒が各地で見られるという。いくつか独自の毒抜き方法が開発されているのだが、効果が不十分だったり、広まっていなかったりするようだ。

ヘンリックはその著書において、マックス・プランク研究所の認知心理学者アニー・ワーツが行った、一歳未満の赤ん坊が見慣れない植物に遭遇した場合の反応の観察も紹介している。バジルやパセリなどの未知の植物、未知の人工物、木製スプーンや卓上電気スタンドといった見慣れた人工物を前にした赤ん坊は、植物だけにはまったく触れようとしないか、触れるにしても、実際に触れるまでには人工物よりも長い時間がかかったという。このことから、ヒトは、満一歳になる前から植物とそうではないものを見分け、植物を本能的に避けることがわかった。躊躇せずに植物に触れるようになるのは、周囲の大人が触った後のことだったという。

ヘンリックによれば、ヒトの赤ん坊はきわめて保守的で、周囲の年長者を観察し、その行動から学んでいるという。そこでまた、遺伝学者大野乾の、生命進化の歴史は「一創造百盗作」だという発言を思い出す。ヘンリックは、ヒトはたまになされる発明を文化として伝え真似する遺伝資質を発達させたことで進化が加速されたと結論している。

イノベーションの必要性が叫ばれて久しいが、ゼロからの創発など、そうそうあるものではない。模倣と伝承の重要性を再認識すべきなのだろう。

13 雑草をつくる神の手

一九二九年、その人はロシアの地から日本を訪れ、北から南まで精力的な調査をこなした。京都駅では畏友との別れに際し、「サクラジマダイコン」と大声で叫び、走り出した列車の窓から手を振ったという。その人の名は、二〇世紀を代表する偉大な遺伝学者ニコライ・ヴァヴィロフ(一八八七〜一九四三)。その畏友とは、同じく世界的な遺伝学者の木原均(一八九三〜一九八六)だった。

擬態雑草の進化

ヴァヴィロフは、作物の遺伝資源を探し求める調査を精力的に実施し、世界の主要な作物の原産地はほぼ一二の地域に限定されるという説を提唱した。さらには、野生種の遺伝的多様性が最も高い場所が原種起源の地であると主張した。そのようにして特定された原種起源の地はヴァヴィロフ・センターと呼ばれるようになった。

しかしその後、ソ連ではスターリンの威光を笠に着たトロフィム・ルイセンコ(一八九八〜一九七六)が台頭し、遺伝子の存在とメンデル遺伝を全面否定したうえで、獲得形質の遺伝による品種改良の成果を唱えた。冷温や乾燥といった環境の影響で後天的に獲得した性質は遺伝すると主張し、結果的に荒唐無稽な品種改良を奨励したのだ。

ヴァヴィロフは、そのことに毅然として異を唱えたため、日本から帰国して七年後、ソ連農業アカデミー会議でルイセンコから弾劾され、いわれのない投獄の末に四三年に五六歳で獄死させられた。

訃報を聞いた木原均は、雑誌「遺伝」にヴァヴィロフとの思い出を投稿した。日本での調査を終えたヴァヴィロフは、世界文化に日本が貢献した最大の産物は、桜島大根と温州ミカンだ、と木原に語ったという。それが右の「サクラジマダイコン」発言につながっていたのだ。

ヴァヴィロフは、作物の起源を探る中で、耕作地に作物によく似た雑草が生えていることに注目し、その現象は雑草が耕作に適応した結果であると考えた。つまり、作物との違いが明白な雑草が除草され続ける一方で、作物によく似た雑草の変異体は残され種子をつけることが続き、結果的に雑草が作物への擬態を果たしたのではないかというのだ。

この現象には、作物擬態とかヴァヴィロフ型擬態の名称があり、作物に擬態した雑草は、農業用語では擬態雑草とか擬態随伴雑草と呼ばれている。

一般に擬態として有名なのは、小枝に擬態したシャクトリムシの幼虫、ハチに擬態したハナアブなどだろう。ハナアブの擬態のように、毒をもつことを警戒色でアピールしている生物への擬態をベイツ型擬態という。自然淘汰説提唱者の栄誉をダーウィンと分け合ったアルフレッド・ウォレスと共に、アマゾンに分け入って動物標本を採集したヘンリー・ベイツ(一八二五〜九二)にちなんだ命名である。

ベイツはアマゾンで、鳥にとっては有毒なドクチョウに擬態した無毒のチョウを発見したのだ。そうした擬態を進化させたのは自然淘汰の作用である。生存に有利な変異をもつ個体が選択され続けたことで、みごとな擬態が進化したのだ。

それに対してヴァヴィロフ型擬態の立役者は人間である。前述したように、人の手による除草が自然淘汰に対応する役割を演じることで、作物に擬態した雑草を意図せぬまま「選抜」してきたのだ。ヴァヴィロフの慧眼は、擬態雑草の進化を見抜いただけではなかった。擬態雑草が新たな作物、すなわち二次作物の作出にもつながったというのである。その代表例がライムギだという。

ライムギ(*Secale cereale*)の原種は地中海沿岸から小アジアにかけて広く分布する野生種 *S. montanum* とされている。メソポタミア地方でコムギの栽培が開始され、栽培範囲が広がる中で、ライムギの野生種はコムギ畑の雑草となり、コムギの擬態雑草の道を歩み始めた。

ライムギ野生種は、穂が脱落しやすいのだが、擬態雑草化の過程で形状がコムギに似るだけでなく、穂が脱落しにくい変異体が選抜されていった。つまり、栽培品種としての特徴を備えるようになっていったわけである。そして、野生種には冷涼で貧栄養への耐性が強いというもともとの特徴があったことから、高地や北方の地域でライムギの栽培が広まったと考えられる。オートムギの作物化も、同じような道をたどったようだ。

ヴァヴィロフ型擬態の証明

ルイセンコ一派は、ヴァヴィロフ型擬態にも否定的だった。

レンズマメ(ヒラマメ)の畑には、ヤハズエンドウ(カラスノエンドウ)そっくりな雑草が生えている(xiページ・カラー図⑦)。ただし、ふつうの(野生型の)ヤハズエンドウの種子は丸い豆なのだが、その「雑草ヤハズエンドウもどき」の豆の形はレンズマメにそっくりな扁平だった。ルイセンコ一派の研究者は、それはレンズマメが扁平な種子をつける特徴を維持したままヤハズエンドウに変わったのだと、一九五二年に主張した。

しかしその七年後、イギリスの研究者により、植物体の形状はヤハズエンドウそっくりなのに扁平な種子をつける「ヤハズエンドウもどき」は、レンズマメとのあいだには雑種ができない(稔性がない)が、ふつうのヤハズエンドウとのあいだでは雑種ができる(稔性がある)ことを確認した。「ヤハズエンドウもどき」の扁平な種子タイプはヤハズエンドウの潜性(劣勢)形質で、野生型である丸い種子タイプは顕性(優勢)形質として、メンデル遺伝することを証明したのだ。つまり、レンズマメ畑では、扁平な豆タイプの個体が人の手で選抜されることでヤハズエンドウの豆タイプにおいて潜性ホモの純系が保存され、扁平な豆タイプの「ヤハズエンドウもどき」が出現する結果となったのだ。

水田ではまとめてノビエ類と呼ばれるイヌビエ(図13-1)やタイヌビエなどがイネの擬態雑草としてよく知られている。ノビエ類の形状がイネに似ているのもヴァヴィロフ型擬態と考えてよい。ここでおもしろいのは、ノビエ類とイネは、葉や茎はよく似ているものの、穂の形状はまるで違うことだ。

これは、穂の形状には人為的な選抜圧がかからなかったことを意味している。その理由は、古くから日本ではイネの穂が出て花が咲く時期は、花を傷つけないために水田に立ち入ってはいけないとされてきた。そうすると除草もできないわけで、その時期にイネと歩調を合わせて実をつけるノビエ類は、穂の形状がイネの穂に似ていなくても、除草を免れてきたからと考えられている。ちなみにヒエの原種はイヌビエであり、ヒエもまた擬態雑草から作出された二次作物にあたる。

ヴァヴィロフへのオマージュ

しかしこうした説明は、あくまでも外部形態、すなわち表現型(見た目)の観察からなされてきたもので、遺伝子レベルでの解析はなされてこなかった。そこにメスを入れたのが、ヴァヴィロフを尊敬してやまない、中国、浙江《せっこう》大学の研究者、扇龍江《ファンロンジャン》だった。扇らは、イヌビエのヴァヴィロフ型擬態をゲノム解析によって調べようと思い立ち、その結果を二〇一九年に発表したのだ(1)。

図 13-1　イヌビエ．ジャン・コプス画

研究チームは、中国水稲栽培の中心地である長江(揚子江)流域から三二八の系統のイヌビエを集めてゲノムを解析した。その結果、三つのグループに分けることができた。しかもその三グループは、表現型レベルでの擬態型、非擬態型、中間型という三タイプと一致していた。

分子系統樹の解析からは、擬態型は、およそ一〇〇〇年前に非擬態型から分かれた小集団から進化したと推定された。その年代は、中国で稲作が始まった宋の時代に相当する。

ヴァヴィロフ型擬態が完成するにあたっては、一九八六個の遺伝子が選抜にかかわったようだ。そのうち、茎が伸びる角度を決める遺伝子を含む八七個は、植物の形態にかかわる遺伝子だという。まさにヴァヴィロフ型擬態が遺伝子レベルで裏付けられたのだ。

研究を主導した扇は、ヴァヴィロフが圧政にもめげず遺伝学者としての筋を通したことを学生時代に学んでから、ヴァヴィロフを英雄として尊敬してきたという。今回の研究は、作物科学におけるヴァヴィロフの復権を期したものなのだ。

二〇二〇年五月には、日本の研究チームがサクラジマダイコンの高精度ゲノム解読に成功したとの報がもたらされた(2)。遺伝資源としてのサクラジマダイコンの潜在能力が明かされ、ヴァヴィロフの慧眼がさらに裏書きされる日も近いことだろう。

14 生きものたちの眠れぬ夜

社会が鬱々としたコロナ禍に覆われていても、春が巡り来れば若葉が茂り、草木が花を咲かせてくれる。しかしそうした緑にも危機が迫っているとしたらどうしたものか。

生態系のハルマゲドンか

過去二七年間に、飛翔昆虫の数が七六パーセントも減少した！　そんな衝撃の研究結果が二〇一七年に報じられた(1)。ドイツの自然保護区六三カ所に設置した飛翔昆虫用のトラップで採集された昆虫数の動態を分析したオランダ・ドイツ・イギリスの研究チームの論文である。

この研究では、昆虫数減少の原因までは特定していなかった。しかし、トラップを設置した環境は一様ではないことから、地球全体の環境変動の影響が否定できないという推測にまで踏み込んでいた。研究チームの一人は、プレスリリースの中でのコメントで「環境のハルマゲドン（終末）」に向かっていると警鐘を鳴らした。

その翌年には、プエルトリコの熱帯自然保護区のデータ解析から、過去三五年間に、その地の昆虫数は七五〜九八パーセントも減少したとする論文が発表された。(2) 同地では、その期間に平均最高気温が二度上昇していたという。このことから研究者は、昆虫数減少の原因は気候温暖化のせいだろうと結論している。しかも、昆虫を食べるトカゲや鳥の数にも減少が見られると報告している。

こうした研究結果から、陸上生態系で全体の三分の二の種数を誇る昆虫の「アポカリプス(大崩壊)」が始まっているとし、環境破壊、気候温暖化の阻止を強く訴えた記事まで出た。ハルマゲドンやアポカリプスという、新約聖書黙示録のキーワードが記事のタイトルを飾ったことで、地球生態系に対する懸念が喚起されることになった。

レイチェル・カーソン(一九〇七〜六四)は、一九六二年に出版された古典的名著『サイレント・スプリング(沈黙の春)』で、残留農薬の影響を告発し、小鳥たちの歌声がしない春が来ると警告し、自然保護の重要性を訴えた。(3) 地球生態系は今、それ以来の危機を迎えているのだろうか。

人は、どうしても過去を美化する傾向がある。自分たちの子どもの頃はよかったといった述懐は、勝手な思い込みに誘導されている場合が多い。たとえば、田舎のあぜ道でホタルを追いかけた記憶が懐かしく思い出されるにしても、それはたった一度の経験が過剰に肥大したものかもしれない。実際のところ、昔は虫がもっとたくさんいたという印象の裏が取れることは少ない。

今回の危機喚起の裏付けは、ドイツとプエルトリコの自然保護区における定点観測のデータだった。したがって、それなりの信頼性はある。ただ、これをもって世界的な環境危機が証明されたというわけにはいかないだろう。実際、その後に公表された、たくさんの同様な研究データを総括し「昆虫アポカリプス神話」の科学的検証を訴えるキャンペーンに乗り出した研究者もいる。(4) 気候温暖化の影響はあるには違いないだろうが、いたずらに危機を煽るのは適切なサイエンスコミュニケーションとはいえないというのだ。

訪れない夜

自然環境に迫る危機は、気候温暖化だけではない。スイスの研究チームが二〇二一年三月に発表したのは、人工照明が植物の受粉に及ぼしうる危惧すべき影響だった。(5) 現在、南極を除く地球上の陸地の一八・七パーセントが、何らかの夜間照明にさらされているという。しかもその明るさは年々増加しており、直接照明にさらされる地域の面積は、年二〜六パーセントの割合で増えているというのだ。

そのことが自然環境に影響を及ぼしていることは想像に難くない。夜になっても暗くならないことは、夜行性生物の行動や生理を狂わせているはずだ。そしてもちろん、植物の成長や花形成も影響を受ける。生きものにとっては、その進化の過程で対応してきたのとは異なる環境にさらされていることになる。

そうした影響を研究した成果は数多く公表されているが、昼行性の訪花昆虫が受ける影響に関する研究はなかった。そこでスイスの研究チームは、自然の草地一二カ所を選び、夜間に街灯用のＬＥＤランプを照らす場所と照らさない場所を半々ずつ設定した。そして、日中に訪花する昆虫の種数と数を調べることにした。

二一種類の花で確認された訪花数は二三八四回。そのうちの九八四回はハナアブ（双翅目《そうしもく》）、一一九回はハエ（双翅目）、二八一回が甲虫（鞘翅目《しょうしもく》）だった。おもしろいのは、訪花数の増減は認められないものの、訪花した昆虫の種類に違いが出た花があったことだ。たとえばフウロソウ属の一種（*Geranium sylvaticum*）では、ハナアブの訪花が減った分、甲虫の訪花が増えたことで、訪花数の増減がなかった。同じような傾向はヤグルマギク属（*Centaurea*）とワイルドアンジェリカ（*Angelica sylvestris*）でも見られた。前者では、ハチの訪花が減った分を甲虫の訪花増が補っていた。後者では、ハチの訪花が減った分をハナアブの訪花増が補っていた。それに対してノラニンジン（*Daucus carota*）は、訪花数が有意に増えていたのだが、その増分のほとんどはハナアブの訪花が増えたことによるものだった。

全体としては、調査区に生えていた植物種の一九パーセントで、夜間照明による影響が日中の訪花数に見られた。ただし訪花数の増減は、植物種ごとに異なっていた。そして全体的に見ると、夜間照明によって日中の訪花数が顕著に増えたのは一種のみで、それ以外はみな、多かれ少なかれ、訪花数の減少傾向があった。どうやら夜間照明は、夜行性昆虫による受粉だけでなく、昼行性昆虫による受粉にもマイナスの影響を及ぼしうるようだ。

植物の受粉率という観点から見ると、昆虫の訪花数だけでなく、訪花昆虫の種類も重要である。たとえば大型のマルハナバチなどでは、受粉には貢献せずに蜜だけをもらっていく盗蜜行動が知られているからだ。それだけではなく、夜間照明によって花の形質（花冠幅、花冠長、花茎高、花色、匂い）が変わるとしたら、訪花昆虫の種類や数に変化はなくても受粉率が下がるということはありうる。

さらには、草食性昆虫の行動変化が昼行性訪花昆虫の行動に影響を及ぼす可能性もあるという。訪花昆虫の中には、葉が食害されている植物への訪花を避けるものもいるというのだ。夜間照明によって食害が増えるとしたら、受粉率も脅かされかねない。いずれにしろ、こうした問題には夜間照明の照度や波長の影響もからんでくるはずであり、夜間照明によって未知の複雑な関係に狂いが生じる可能性がある。

生物は、人間による環境変化に柔軟な対応を見せる。しかしその一方で、どこかで思わぬ破綻が生じている可能性があるのだ。

そういえば、冒頭に記した「鬱々」という言葉の第一義は、「草木が盛んに茂っているさま」だという。物事には裏と表があるということか。ならばさまざまな警告を真摯に受け止め、ライフスタイルを変えることから始めようではないか。とりあえずは、むだな照明は消し、太陽と共に起き、太陽と共に床に就くとか。

送電線網というサンクチュアリ

人工照明の弊害など、意識しないまま人が環境に及ぼしている影響は、数え上げれば切りがなさそうだ。しかし、今さらすべてを原始の状態に戻すわけにもいかない。生物多様性の保全を謳うにあたっては、天然林など、人の手があまり入っていない環境の重要性はいうまでもないが、里山、雑木林、公園緑地、社寺林などの機能を見直す活動も地道に続けられている。あるいは、農地にしても、恒常的な耕作地には、そこに依存した生物の営みがある。定期的な火入れによって維持されている草地でも、それ独自の生態系が維持されている。

それ以外にも、これまでなんとなく見過ごされてきた生物多様性のサンクチュアリが存在すると思われる。たとえば山地に設置されている送電線の下には多様なチョウが生息しているという論文が発表されている。(6) チョウ好きのあいだでは、以前から、送電線の下にはチョウが多いという感触を抱く人が多かったという。

送電鉄塔や電線路の周辺は、障害となる植物の伐採義務が電気事業法によって定められている。そのため、周囲の林地とはちがい、送電線下が草地になっているのだ。つまり林地の中に草地がはさまっているような状態で、それがチョウの分布に影響を与えているのではないかというのである。

そこで実際にはどうなのか、東京農工大学の研究チームは、人工林に設置された送電線周辺の草地、近くの幼齢の人工林、壮齢の人工林、人工林内の林道におけるチョウの種数と個体数を二〇二〇年の五月、七月、九月に調べたという。

その結果、調査地全体で、草地を主な生息場所とするチョウが一〇種四一〇個体、人里周辺(荒地)を主な生息場所とするチョウが一六種八四七個体、森林を主な生息場所とするチョウが三六種八六六個体、すべてを合わせると六二種類二一二三個体のチョウが確認されたという。そして、いずれの種類のチョウでも、送電線下、幼齢の人工林、林道、壮齢の人工林の順で多く確認された。ちなみに草地性のチョウとしてはウスバシロチョウ、人里性のチョウはミヤマカラスシジミ、森林性はミヤマカラスアゲハが代表的な種としてあげられている。

送電線下の草地には、幼虫が食べる食草があるほか、森林性のチョウも草本の花の蜜を吸いに訪花するため、種の多様性が増しているのだろう。そしてもちろん、今回の調査対象とはなっていないが、チョウ以外の生物にとっても、送電線下の草地が貴重な生息地になっていることだろう。

ただしちょっと待て。電気を送る送電線が植物と動物の多様性を生み出しているのはよしとしよう。しかし送られた電気で明かりが灯されることで、眠れぬ夜を過ごす生きものも多く生み出されているわけだ。ポジティブな面に光を当てると、それと同時に影も生じるかのように物事はうまくいかない。これはこれでまた、眠れぬ夜が続きそうだ。

15 カタールの青い芝

二〇一七年の一〇月、シンポジウム参加のため、中央アジアの国キルギスを訪れた。そこは天山山脈の麓に広がる高原の国で、シルクロード要衝の地でもある。会議終了後のエクスカーションで訪れたバラサグン遺跡は、首都ビシュケクから六〇キロメートルの距離にある世界遺産。そこには一一世紀に当地で栄えた王朝が建設したブラナの塔が、まるで監視塔か狼煙《のろし》台であるかのようにポツンと建っていた（図15-1）。

それはモスクでの礼拝を知らせるミナレットと呼ばれる建造物だとか。もともとは高さ四五メートルだったが、一五世紀に起きた大地震で崩れ、現在は二四メートルだという。それでも螺旋階段を登りつめた頂上からは、遠くまで広がる草原と、その先に横たわる天山山脈の勇壮な眺めが楽しめた。一〇〇〇年前に東西交易の隊商が歩んだ土地かと思うと感慨深いものがあった。

古代中国と西アジア、地中海沿岸地方を結んだ交易路が「絹の道」と呼ばれる所以は、もちろん、その道を通って中国から運ばれた絹が羊毛や金銀と交換され、その道を逆に辿って中国へと送られていたからである。絹の生産量は、現在も中国が世界一位だが、二位以下はインド、ウズベキスタン、イランと続いている。シルクロードに沿った国々で、今も養蚕が行われているのだ。

カイコのルーツ

いうまでもなく、絹糸はカイコ(蚕 *Bombyx mori*)が繭《まゆ》をつくるときに吐き出す糸を撚《よ》ったものである。カイコはクワ(桑)の葉を食べて育つ。

クワというのはクワ科クワ属の植物の総称で、北半球の温帯域を中心に十数種が知られている。日本にはもともとヤマグワが自生していた。養蚕のために栽培されているマグワは、カイコとともに二〇〇〇年前に中国からもたらされたとされ、さまざまな品種がつくられてきた。クワは、養蚕以外にも葉や果実が食用とされてきた。西欧には一六世紀頃に伝えられ、マルベリーと称される実は栄養価が高く食用とされてきた。

カイコは、クワコ(*Bombyx mandarina*)という野生種を家畜化してつくり出されたとされている。カイコは飛べないが、クワコには飛翔力がある。クワコは、日本(北海道、本州、四国、九州)をはじめとして、極東ロシア沿海地方、中国北部、朝鮮半島、台湾という広い地域に野生種として生息している。

養蚕の歴史自体は五〇〇〇年前の中国に遡るといわれているが、それを裏付ける証拠は考古学的なものだけだった。一九二六年に中国山西省夏県の西陰村《せいいんそん》(西安の北東約二〇〇キロメートル)にある遺跡から繭が、二〇一九年には、やはり山西省の史村の遺跡からカイコの繭を模した石彫りが見つかっているのだ。

それらは、紀元前五〇〇〇年紀に黄河中流域で栄えた仰韶《ぎょうしょう》文化の遺跡である。仰韶文化というのは新石器時代晩期の農耕文化で、アワやキビ、カラシナなどを栽培しながらイヌやブタなどの家畜も飼うという完全な定住生活を送っていた。また、明るい赤褐色をした紅陶《こうとう》に彩色した土器でも知られている。

考古学的アプローチに頼るだけなら、遺跡から新たな証拠が出土するのを待つしかない。しかし今やわれわれには、遺伝子を調べるという手段がある。これまでもカイコのゲノムを解析した研究はあったが、品種や変種の数が多いこともあり、網羅的な解析には手が届かない状態だった。しかしこのたびついに、カイコのパンゲノム解析の結果が報告された(1)。

図 15–1　バラサグン遺跡に建つブラナの塔（筆者撮影）

パンゲノムとは、原種から分かれた品種や変種の遺伝子セットすべてを網羅したゲノムのことである。具体的には世界中から集めた一〇七八種類の品種や亜種（カイコの二〇五種類の地方品種、一九四種類の改良品種、六三二種類の遺伝資源、クワコの四七種類の亜種・品種）、一〇八二サンプルのゲノムを解析し、その塩基配列をできるだけ詳しく調べ上げたのだ。

そしてカイコの各品種と野生のクワコのゲノム情報から分子系統樹が作成された。その結果、クワコ集団から分かれたカイコ集団のうち、黄河中流域の地方品種が系統樹の付け根に位置した。

これは、カイコが家畜化されたのはその地域だったことを意味する。つまり考古学的な証拠と一致する結果が得られたのだ。

そのほかにも研究チームは、カイコの家畜化に関連した遺伝子四六八個、改良品種に関連した遺伝子一九八個を同定した。そのうち、それぞれ二六四個と一八五個は新発見の遺伝子だった。

カイコの科学

同研究では、中国と日本の実用品種を比較した結果も報告されている。それによると、改良品種に関連した遺伝子の共有率は三パーセントにも満たなかったという。これは、カイコの品種改良が両地域で独立に行われてきたことを示している。

かつて、遺伝学者の外山亀太郎(一八六七〜一九一八)は、中国産や欧州産のカイコの品種と日本の品種を交雑させると、親よりも優れた特徴をもつ一代交雑種ができる雑種強勢という現象を発見し、一九〇六年にカイコの一代交雑種の実用化を提唱した。今回、それから一〇〇年以上を経て、カイコの雑種強勢の遺伝学的背景が明らかになったことになる。

外山はまた、メンデルの遺伝法則が再発見された一九〇〇年にカイコを用いた交配実験を開始し、動物で初めて、メンデルの法則が成り立つことを実証した研究を一九〇六年に発表した。欧州産の黄繭品種と日本産の白繭品種を交雑させたところ、生まれたカイコはすべて黄繭だった。そこでさらにその黄繭個体どうしを交雑させたところ、黄繭個体と白繭個体が、メンデルの遺伝の法則が予測する三対一の割合で生まれてきたのだ。

日本のカイコを用いた研究として語り継がれているのが、昆虫脱皮ホルモン、エクジソンの分離だろう。カイコの脱皮と変態を促進する物質が前胸腺から分泌されていることを一九四〇年に突き止めたのは昆虫生理学者の福田宗一(一九〇七～八四)だった。ドイツの生化学者アドルフ・ブーテナント(一九〇三～九五)とペーター・カールソン(一九一八～二〇〇一)は、日本から輸入した五〇〇キログラムのカイコの蛹から二五〇ミリグラムのエクジソンの結晶を一九五四年に得ることに成功した。

カイコのパンゲノムを解析した研究チームは、中国の深圳《しんせん》にある北京基因組研究所(BGI Group)の子会社BGI Genomicsのメンバーである。この組織は、近年、さまざまな生物のゲノム解析に基づく最先端の研究を連発している。

かつてカイコの研究は日本のお家芸だった。しかしその他の基礎研究も含めて、日本の科学は中国にすっかり後れをとってしまった。

ブラナの塔が建つバラサグン遺跡には、バルバルと呼ばれる高さ三〇～五〇センチメートルほどの石人が点在していた。かつての栄華を偲ぶ跡はただそれだけ。似たような道を辿る日本の科学研究の行く末が危ぶまれる。

うっかりが生んだ発見

世界をリードする中国のゲノム研究は最新鋭のＤＮＡシーケンサーを駆使した物量作戦的な面も大

きい。しかし大発見は、往々にしてひょんなことでもたらされる。ただし、「幸運は用意された心のみに宿る」というルイ・パスツール(一八二二～九五)の言葉にもあるように、偶然とされる発見も、その多くは「たまたま」ではなかったりする。

この格言が当てはまる例としてよく引き合いに出されるのが、イギリスの細菌学者アレクサンダー・フレミング(一八八一～一九五五)によるペニシリンの発見だろう。

第一次世界大戦時、戦傷者の治療にあたっていたフレミングは、傷口から感染した細菌による敗血症による死者が多いことに心を痛めていた。戦後、ロンドン大学の細菌学研究室に着任したフレミングは、誤ってアオカビに汚染されたブドウ球菌の培地に注意を引かれた。アオカビの周囲のブドウ球菌コロニーが溶けてなくなっていたのだ。培地がカビで汚染されたのは、休暇で不在にしていたからだという話や、単なる不注意だったという話もあるが、それはおいておこう。フレミングの慧眼は、その培地をそのまま廃棄せずに「これは変だ、なぜ?」という疑問を抱いたことだった。

ところで、研究用温室で栽培している植物への水やり。責任体制が曖昧だと、いつの間にか怠ってしまいがちだ。これから紹介するのは、それが思わぬ発見につながったという話である。いわばフレミングの発見の植物版。

それは、アメリカ中西部に位置するネブラスカ州の首都リンカーンにあるネブラスカ大学の温室でのこと。温室の管理人からかかってきた、そちらの研究室で管理している鉢植えの雑草をなんとかしてくれという電話が始まりだった。温室を見に行った研究者は、そこで驚きの光景を目にした。振り返れば二カ月ほど水やりを忘れていた植物なのに、元気に育っていただけでなく、隣の鉢まで占領しそうな勢いだったのだ。

その植物の名前はサワスズメノヒエ（学名はパスパルム・ヴァジナトゥム *Paspalum vaginatum*）。耐塩性で亜熱帯の海岸などに自生していることから英名はシーショアパスパルム（以下、パスパルムと省略）で、この名で暖地のゴルフ場の芝としても利用されている。

もともとパスパルムが乾燥に強いことは知られていた。しかし二カ月もの乾燥に耐えられるとは、研究者も想像していなかった。そこで、同じイネ科の作物であるトウモロコシと比較して、どのくらいの悪条件に耐えられるのかを調べることにした。(2)

すると、植物の成長に欠かせない肥料である窒素やリンを与えない条件では、トウモロコシは当然のごとく成長が悪かったのに対し、パスパルムは何の問題もなくすくすくと育っていた。これはいったいどういうことなのだろう。

そこで研究チームは、パスパルムのゲノム情報とその発現のしかたを調べてみた。その結果わかったのは、パスパルムは、窒素やリンが欠乏するとトレハロースという糖の生産を倍増させるということだった。つまりパスパルムの栄養素欠乏に対する耐性の鍵を握っているのはトレハロースらしいということになる。

トレハロースは、二個のグルコース（ブドウ糖）が結合した二糖類で、さまざまな動植物において低温や乾燥、塩ストレスなどに対する耐性に関係していることが知られている。昆虫の血糖はトレハロースで、昆虫はそれを分解酵素トレハラーゼによってグルコースに変えてエネルギー源にしている。トレハロースの機能として有名なのが、乾燥状態ではグルコースをトレハロースに変えて休眠（乾眠）する現象である。極限環境に強いとされるクマムシがその代表格で、アフリカの乾燥地帯に生息するネムリユスリカ、塩湖に生息する甲殻類のアルテミア（シーモンキー）、水で戻すと活性化するパン酵母などもトレハロースを体内に蓄積することで乾眠している。

一方、トレハロースは、甘さは砂糖の三八パーセントで、あとを引かない甘味料として重宝されている。甘味料としての利用を可能にしたのが、デンプンの八〇パーセントをトレハロースに変換する製法を開発したバイオ企業の林原《はやしばら》である。林原は特別プロジェクトチームを組織し、有用な土壌細菌を探索することで、一九九五年、デンプンをトレハロースに変換する反応経路を有するアルスロバクター属の細菌を発見したのだ。

資源リサイクルシステムの重要性

それでは、トウモロコシでもトレハロース量を増やしてやれば、少ない肥料で育つようになるのだろうか。これまでも、トウモロコシやイネにトレハロース生合成遺伝子を導入する研究はされていた。そして、乾燥耐性の向上は確認されていた。しかし、遺伝子導入によるトレハロース蓄積量の増加はごくわずかにとどまっていた。

ここでネブラスカ大学の研究チームは逆転の発想をした。植物体中のトレハロースの生産量を増やす代わりに、分解を止めてやればどんどん蓄積するのではないかと考えたのだ。さっそくトレハロース分解酵素であるトレハラーゼを阻害する抗生物質をトウモロコシに作用させたところ、窒素肥料がなくても生育がよくなった。

この発見にはさらなる展開もあった。細胞が自らの一部を分解して再利用までするシステムであるオートファジーで重要な働きをしている遺伝子のスイッチをオフにしたところ、トレハロース量が増加しても、窒素肥料欠乏下での生育向上は見られなかったのだ。これはつまり、トレハロースを蓄積させてトウモロコシの生育を向上させる仕組みには、オートファジーが大きく関与しているらしいということだ。

オートファジーを制御する遺伝子群を酵母で一九九〇年代に発見した大隅良典博士(一九四五〜)は、二〇一六年にノーベル生理学医学賞を受賞した。その遺伝子群発見後の研究で、動物細胞が飢餓状態になるとオートファジーが起きてアミノ酸がリサイクルされる仕組みも見つかっている。

生体のリサイクルシステムはみごとに仕組まれているが、人間による天然資源のリサイクルシステムは破綻をきたしつつある。天然鉱物に依存しているリン酸肥料には枯渇の可能性があるし、窒素肥料やリン酸肥料の大量消費が環境汚染を引き起こしてもいる。その意味で、作物のトレハロース蓄積を促進することによって必須肥料が節約できる可能性は朗報である。今後の研究の進展に注目したい。

また、たまたまの手抜きが重要な発見につながったのは、なぜ、もしかして、という疑問を抱く力があったからだったというのはよい教訓となる。

ところでシーショアパスパルムは、カタールで開催された２０２２ＦＩＦＡワールドカップのサッカー競技場の芝に採用されていた。砂漠の国に建設されたすべての試合会場を青い芝で覆うことができたのは、シーショアパスパルムあればこそだったのだ。三笘薫選手の一ミリの奇跡を実現した芝が、もしかしたら第二の緑の革命を起こすかもしれないと考えると感慨深いものがある。

16

植物の底力と多様性をめぐる迷走

ベランダの片隅で営む小さな家庭菜園でさえ、「雑草」のたくましさを痛感させられる。まして実際の庭ともなれば大変である。植物の旺盛さが発揮される前、初春の季節ならば、雑草が根からすっぽりと抜けたときの快感を反芻しながら、芽を摘むことと命を慈しむことの相反する感情を秤にかけながらの草むしりという哲学を楽しむ余裕がある。

しかしそれも束の間、草むしりの手間を少しでも怠ろうものなら、植物のしたたかさにあっという間に追い越されてしまう。こうなるともはや「草むしり」などと悠長なことを言っているわけにはいかない。作戦コードは「草刈り」に変更だ。

と言いつつも植物が与えてくれる恩恵は計り知れない。地球を覆う緑がなければ、われわれの生活は成り立たない。そのことを改めて実感させてくれた研究がある。

植物の存在感

最近、腸内細菌に言及した健康飲料の広告をよく目にする。関連会社が運用するいくつかのサイトを見ると、われわれの腸には一〜一・五キログラムもの腸内細菌がいるといった記述に出合う。この数値から推して知るべし。生物の体内にも地中にも水中にも無数の細菌がいるのだから、地球上に存在する細菌の総量は膨大なものになるにちがいない。

しかも、細菌は生命進化の最初期から存在し、未だに変わらず存在し続けている。つまり、地球の主《ぬし》とでも言うべき存在だ。しかしこれまで、地球上の生物量（バイオマス）の主役は細菌だということを裏付ける、確たるデータがあったわけではない。なんとなくのイメージが先行していただけだった。

この消化不良状態を打開すべく、イスラエルとアメリカの科学者が数年をかけてさまざまなデータを漁り、各種生物グループの総バイオマスを試算し、その結果を二〇一八年の五月に発表した[1]。そこで見えてきたのは、目からうろこの驚きの事実だった。地球上でバイオマスが最も多いグループは、細菌ではなく、なんと植物だったのだ。

研究グループは、生体重ではなく、生体中の炭素量を指標にした。その総量は五五〇ギガトン！一ギガは10^9すなわち一〇億なので五五〇〇億トンということになる。そしてそのうちのなんと八〇パーセントにあたる四五〇〇億トンを植物、しかもその大半は陸上植物が担っているというのだ。

それに対して細菌は全体の一三パーセントに当たる七〇〇億トンだった。以下、菌類、アーキア（古細菌）、原生生物、動物、ウイルスの順だという（図16-1a）。

大都会や砂漠はともかく、陸地の大半は緑で覆われている。しかも植物群落は平面だけでなく三次元的に積み上がっている。それを考えると納得の事実なのかもしれない。それと、生態系におけるエ

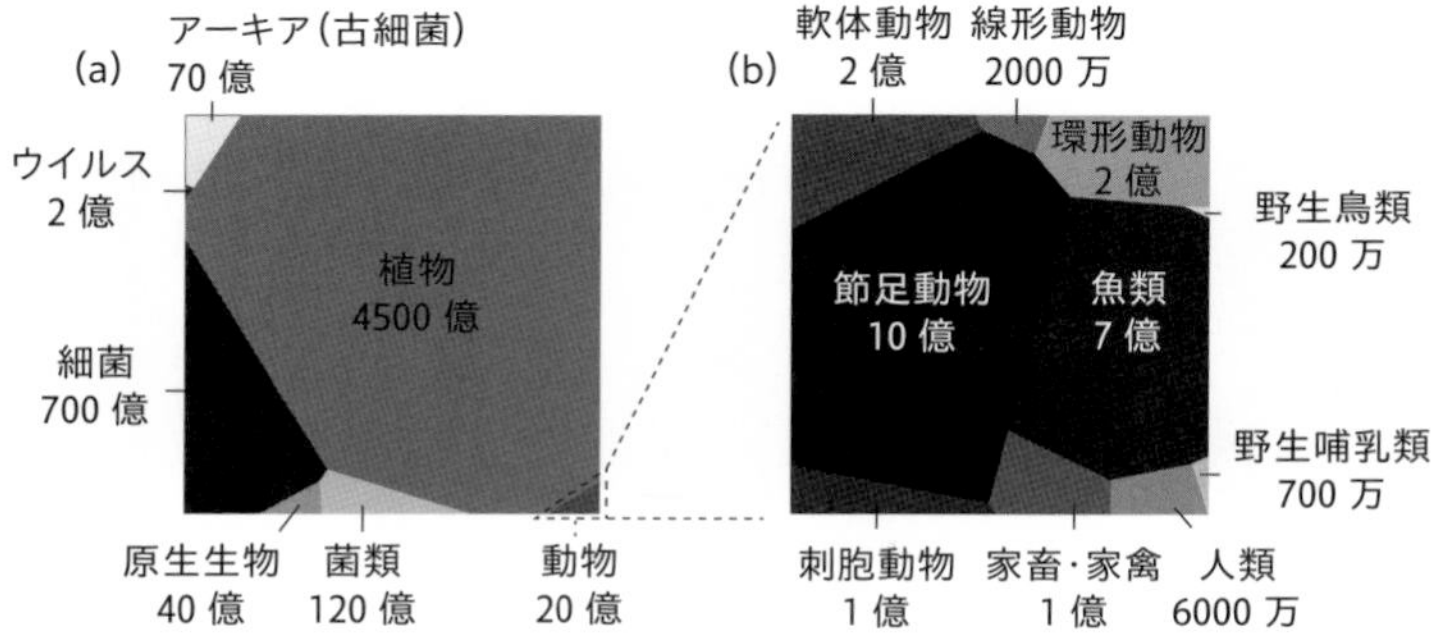

図16-1　生物の分類群ごとのバイオマス(生体中の炭素量，単位はt)の比較(Y. M. Bar-On *et al.* 2018の図を一部改変)

ネルギーの生産力ピラミッドを思い出してほしい。その底辺で全体を支えているのは光合成を行う生物である。水中では植物プランクトンが主力だが、陸上では植物が主力である。植物の生体重(この研究では炭素量)を考え合わせれば、全体を通して植物が圧倒的多数を占めていることもうなずけるというものだ。

では動物はどうなのか。動物のバイオマスは約二〇億トンであり、植物の〇・五パーセントにも満たない。その動物の内訳(図16-1b)を見ると深刻な現実が見えてくる。動物では、節足動物(昆虫など)が最大で一〇億トン、以下、魚類七億トン、軟体動物(イカ、タコ、貝など)と環形動物(ミミズ、ゴカイなど)が共に二億トン、刺胞動物(クラゲ、イソギンチャクなど)が一億トンなのだが、家畜と家禽を合わせたバイオマスがなんと一億トンに達しているではないか。それに対して野生哺乳類は七〇〇万トン、野生鳥類のバイオマスは二〇〇万トンにすぎない。

野生の哺乳類と鳥類の量を上回る量の家畜・家禽を存在させているのが、野生哺乳類をはるかに凌駕する六〇〇〇万トンのバイオマスを誇る人類である。ちなみに人類が栽培している作物のバイオマスは一〇〇億トンと推定されている。つまり植物のバイオマス総量の約二パーセントである。しかし、耕作地の多くは他の植物を排除してつくられ維持されていることも忘れてはいけない。さらには、家畜・家禽の飼料も植物であることも。

人類の登場は二〇万〜三〇万年前、農耕を開始したのは一万年前前後とされている。それ以来人類は、あたかも作物と家畜に奴隷のごとく奉仕し、かれらのバイオマスを増大させてきたのだ。研究チームの推定では、人類はこの一万年で人口を急増させ、耕作面積を増やし、森林を伐採し、二〇〇年前の産業革命以後加速させた環境破壊により、植物のバイオマスを半減させてしまったと考えられるという。

人類のこうした傍若無人な蛮行により、地球の物理的環境は大きく変わりつつある。これが、第2話で述べた、人新世(アントロポシーン)を新たな地質年代として設定すべきだという議論の根拠である。人類はそれほど深刻な影響を地球に及ぼしており、そのことを強く自覚すべきなのだ。

自然観の転換

一九世紀イギリスの博物学者チャールズ・ダーウィンは、一八五九年に『種の起源』を世に送り、世界に先駆けて科学的な進化論を語った。ダーウィンは少年時代から自然に親しみ、自然を心から慈しむ根っからのナチュラリストだった。彼の生地はイギリス南西部の商業都市シュルーズベリ。生家は、町の中心をぐるりと取り囲むように湾曲して流れるセヴァン川の河岸段丘の上に位置していた。

その河畔の斜面がチャーリー少年の遊び場だった。
ダーウィンの自然観には、イギリスの田園風景、それも遊び場所だった川岸の土手の風景が色濃く反映していたはずだ。『種の起源』(2)の最後のパラグラフには次のような一節がある。

さまざまな種類の植物に覆われ、灌木《かんぼく》では小鳥が囀《さえず》り、さまざまな虫が飛び回り、湿った土中ではミミズが這い回っているような土手を観察し、互いにこれほどまでに異なり、互いに複雑なかたちで依存し合っている精妙な生きものたちのすべては、われわれの周囲で作用している法則によって造られたものであることを考えると、不思議な感慨を覚える。

ダーウィンが生まれ育った当時の主流をなす自然観は自然神学のそれだった。多様な生きものが共存しているのは創造主の思し召しによるという予定調和的な自然観である。彼自身、ケンブリッジ大学の入学準備のために、ウィリアム・ペイリーの『自然神学』(一八〇二年)を精読していた。しかしダーウィンは、先の引用が示すとおり、『種の起源』においてはすべてを自然法則に帰すことにより、自然神学を穏やかながらきっぱりと否定した。
自然神学にどっぷりと浸かる聖職者候補生だったダーウィンがその境地に至るには、ちょっとした荒療治が必要だった。それが、イギリス海軍の測量船ビーグル号に乗船し、五年間に及んだ世界周航の旅だった。生まれ育った土地の慣れ親しんだ風土とはまったく異なる土地の風景と出合う衝撃の体験が必要だったのだ。

若きダーウィンは、南アメリカ大陸の初上陸地サルヴァドールで熱帯林に初めて足を踏み入れた。その感激を、興奮した筆致でケンブリッジ大学の恩師J・S・ヘンズロー(一七九六~一八六一)に書き送っている。「ここで初めて、豪勢きわまりない熱帯林を目にしました。(中略)こんなに感激したのは初めてです(3)」。

異なる風土に触れることで思考の束縛から自由になる。これぞまさに、異郷を旅することの意義なのかもしれない。ダーウィンのその後の自然観、それも自然淘汰説を発想させた自然観は、この熱帯体験なくしてはあり得なかった。多種多様な生物種がせめぎ合う熱帯の自然から、激しい生存闘争の存在を嗅ぎ取ったのだろう。

自然淘汰の原理の同時提唱者で同じイギリス人アルフレッド・ウォレスの体験もその傍証となる。彼は、マレー半島の熱帯林でマラリアの高熱に浮かされているときにその原理を思いついたといわれている。温帯の穏やかな自然、それもイングリッシュガーデンのような風景を眺めていただけでは、ダーウィンもウォレスも、自然淘汰の原理を思いつくことはなかったかもしれない。

自然淘汰の原理で理論武装したダーウィンの自然観は一気に変わった。河畔の土手の長閑な風景も、見方を変えれば異なる意味をもつようになる。小ぶりの花が咲き誇る春先の穏やかな風景の背後に、他に先駆けていち早く芽を出し、日陰の存在になる前に花を咲かせて繁殖してしまおうというしたたかな繁殖戦略を読み取ることが可能となったのだ。

先の引用文に続き、『種の起源』には次の一節がある。

それらの法則とは、大まかな言い方をすれば、「成長」して「繁殖」すること、繁殖とさして違わない意味での「遺伝」、生物を取り巻く条件の間接的および直接的な作用と用不用による「変異性」、「生存闘争」を引き起こし、その結果として「自然淘汰」を作用させ、「形質の分岐」と改良面で劣る種類の「絶滅」を強《し》いる高い「増加率」などである。つまり、自然の闘争から、飢餓と死から、われわれにとってはもっとも高貴な目的と思える高等動物の誕生が直接の結果としてもたらされるのだ。この生命観には荘厳さがある。

自然淘汰の原理は、熱帯林の洗礼を受けることで着想が得られたわけだが、その後の生態学などの研究の大半は温帯地域においてなされてきた。ぼくが生態学の勉強を始めたのは一九七〇年代半ばのことだったが、真っ先に学んだ生態学の主要な原理は、食物連鎖、食物ピラミッド、食う者と食われる者の個体数は同調して増加と減少を繰り返すという個体群動態の様式などだった。

じつはこのほとんどを提唱したのが、イギリスの生態学者チャールズ・エルトン(一九〇〇〜九一)だった。彼は大学院生時代に北極圏スピッツベルゲン島探検に三度参加した。そこはツンドラの単純な植生が広がる土地で、小型齧歯《げっし》類が食われる者、食う者は食肉類のホッキョクギツネが主という単純な生態系だった。そして一九二七年に若干二七歳にして『動物生態学』(4)を出版した。

そんな単純明快な生態系で見つけた原理が、長らく生態学の主潮となったのだ。そしてもう一つ、エルトンがその普及に一役買った固定観念がある。それは、北極圏のように単純な生態系は不安定だが、熱帯のような複雑な生態系はきわめて安定しているという認識である。エルトンは、一九五八年に出版した『侵略の生態学』(5)において、単純な群集はバランスが崩れやすいという表現で、「多様性=安定性」という図式を提示し、その例をあげてみせた。

動物や植物の単純な群集というものは、複雑な生物群集にくらべて、バランスがくずれやすいこと、すなわち、単純な群集では個体数とくに動物の個体数が変化して破壊的になりやすく、また侵略に対して弱いことを、つぎには証拠をあげてのべてみたい。

この一節は多様な自然を保護することの重要性を訴える文脈での発言であり、エルトンを「多様性=安定性」という図式をことさらアピールした「張本人」に仕立てるつもりはない。この発言の主旨は、生態系を構成する生物種の多様性が保たれていれば、外来種の侵入定着を妨げやすいというものなのだ。そして、温帯の造林地では昆虫の大発生がしばしば見られるが、熱帯雨林でそれが起こることはない、「熱帯降雨林で生態的な安定性が強いのは、明らかな事実であるらしい」と述べている。

しかし、熱帯林の破壊に伴う生物多様性の危機を訴える声が、この先入観ともいうべき固定観念に疑いを突きつけた。種多様性の高さ故に安定なはずの熱帯雨林の生態系の脆弱さが広く認識され出したのだ。じつは、歴史的経緯を振り返ると、そもそも「多様性＝安定性」なる図式が定着するにあたっってはそこに皮肉ないたずらが埋め込まれていた。

エントロピーの罠

生態系の安定性に関する議論で常に問題となるのは、そもそも「安定性」とはなんぞやである。構成する種の個体数の変動幅が小さいことと定義することもできるし、環境破壊や外来種の侵入などに対する回復力や抵抗力すなわちレジリアンスの強さとも定義できる。

エルトンが若くして体験した北極圏のツンドラ地帯に生息する小型齧歯類とそれを捕食する食肉類のホッキョクギツネでは、齧歯類が増えると少し遅れてそれを捕食する食肉類のホッキョクギツネが増え、すると齧歯類が減り、その余波で食肉類のホッキョクギツネが減るというふうに、両者の個体数は食べる側が食べられる側の後を追いかけるように(位相をずらして)周期的に大きく変動することが知られていた。ツンドラ地帯の生態系の安定性は低いなどという場合には、前者の安定性の定義を採用していることになる。

一方、かつてアラスカのパイプライン建設に際して唱えられた反対論の論拠は、ツンドラ生態系は環境破壊に対する抵抗力が小さいというものだった。この場合は、後者の定義を採っている。ただしいずれの定義を採るにしても、ツンドラ生態系が安定性に欠けるのは、種の多様性が低いからという認識がその根底にあった。

エルトンに先立ち、アメリカの生態学者ユージン・オダム(一九一三〜二〇〇二)は、一九五三年に出版した教科書の中で[6]、食物連鎖の網の目(食物網)の中をエネルギーが流れる経路の選択肢の総数が、生物群集の安定性を測る尺度となるという考え方を提唱した。それだと、一つの経路が失われても、代替経路がたくさん用意されているほど、生態系が攪乱効果から受ける打撃は少なくなる。これは、いわばナチュラリストの直観的な判断だったと思われる。オダムは生態系の中のエネルギーの流れ方に焦点を当てることで、システム生態学、生態系生態学という分野を創始した。

大学院修士課程で数学を学んでいたロバート・マッカーサー(一九三〇〜七二)は、生態系内のエネルギー流というオダムの考え方に想を得て生態学分野に参入した。オダムのいう食物網中のエネルギー流路を、コミュニケーションシステム中の情報が流れる回路に見立てた論文を一九五五年に発表したのだ[7]。そしてそのアナロジーを採用するにあたり、情報理論の父とも呼ばれるクロード・シャノン(一九一六〜二〇〇一)の先駆的研究を参照した。

情報理論におけるシャノンの大きな功績は、情報の曖昧さともいうべき情報量Hを測る尺度を定式化したことである。その尺度は、コミュニケーションシステム中における選択肢の数が多いほど情報は不確実になるという特性をうまく反映させた関数で表されており、情報エントロピーとも呼ばれている[8]。

マッカーサーは、この情報エントロピーHを、生物群集(生態系)の安定性を測る関数としてそっくりそのまま採用した。しかも、そのアナロジーを正当化するために、情報伝達経路を回路図に模したシャノンの作図とよく似た図を、食物網中のエネルギー流入経路図として掲げることまでしていた。

しかしマッカーサーは、食物網が複雑になるほどその生物群集は安定であることを数学的に証明したわけではなかった。なぜならマッカーサーが安定性を測る関数として採用したこの式は、食物網の複雑さを測る関数となりうるものではあっても、即、安定性を測る関数とはなりえないからである。つまり、食物網が複雑なほどその生物群集は安定であるというオダムの前提についての証明がなされていない限り、マッカーサーが採用した情報理論とのアナロジーは根拠をもつはずがなかったのである。

それでもその後、オダムとエルトン、そしてマッカーサーが大学院博士課程の門を叩いたアメリカ生態学の重鎮ジョージ・エヴリン・ハッチンソン(一九〇三〜九一)の後ろ盾を得て、「多様性＝安定性」という図式は、ナチュラリストの直観から生態学の定説へと姿を変え、定着することになった。

このようにして「多様性＝安定性」という固定観念が誕生し定着していった背景には、科学における物理化学偏重の影も影響しているかもしれない。そもそもオダムの前提は、生物群集、生態系というとらえどころのない対象をエネルギーの流れという観点から解析するという熱力学的アプローチから出発している。そしてその前提を受け入れたマッカーサーは、生物群集の安定性を測る関数として、シャノンの情報エントロピー関数をそっくりそのまま採用した。ところがじつは、その情報エントロピーは、熱力学的エントロピーと同形の関数だった。

シャノンの情報エントロピーが熱力学的エントロピーと同形であるのは、ほとんど偶然である。しかし、シャノンがそれをエントロピーと名付けたのは偶然ではないという説もある。(9) シャノンは当初、それを「情報 information」あるいは「不確実性 uncertainty」と呼ぼうと考えていた。それを、稀代の天才数学者ジョン・フォン・ノイマン(一九〇三〜五七)の助言により、「エントロピー」と呼ぶことにした。フォン・ノイマンは、その名称を推すにあたり、二つの理由をあげたといわれている。一つは、その関数は統計力学ではすでにその名称で呼ばれていること。そしてもう一つのより重要な理由は、「エントロピー」とはじつのところ、どういうものなのか誰にもわかっていないのだから、その関数をエントロピーと名付ければ、論争において常に優位に立てるというものである。皮肉なことにこの二つ目の理由は、生態学においても、ある程度あてはまったといいえる。なぜならば、情報エントロピーを笠に着た「多様性＝安定性」仮説は、その後も実証されることなく、そのままなんとなく受け入れられたからだ。

それでも「多様性＝安定性」仮説に対しては、一九七〇年代初頭に大きな疑義が提出された。競争関係にある複数の種の個体数増加を連立方程式(正確には連立微分方程式)によって記述した数学モデルを解析したところ、多くの種からなる群集ほど不安定であるとの解が得られたのである。

もっともそれは、小規模な攪乱効果に対する系の頑健さに関する解析でしかなかった。また、個体数増加を記述するにあたりどのようなモデルを選ぶかによっても、解析結果は変わってくる。ちなみに、連立微分方程式系の安定性解析もやはり、熱力学においてすでに多用されていた研究手法だった。

ともかくもそうした解析によって得られた結果は、「多様性＝安定性」仮説は必ずしも盤石ではないことを示唆するものだった。そしてその結論は、北半球の温帯域に暮らす生態学者にとっては、種が多様なるがゆえに安定と見えた熱帯雨林の生態系が、人為という巨大な攪乱の前では意外とあっけなく崩壊してしまうという不幸な経験的データと合致するものだったのだ。

植物の軽視

ともすればわれわれは、自分の見たいものしか見ようとしない。野鳥の写真を撮ろうとする者にとって、木の枝や葉は邪魔物でしかない。しかし野鳥にしてみれば、樹上の止まり木は身を隠す場所であると同時に採食場所でもある。本来、植物は動物にとってなくてはならない運命共同体なのだ。それをわれわれはつい忘れてしまっている。

そうした風潮に対するじれったい思いから、共に植物学者で科学教育学者であるルイジアナ州立大学のジェームズ・H・ワンダーシーと現在はテネシー大学のエリザベス・シャスラーは、一九九八年にPlant Blindness(仮に「植盲」と訳しておく)という概念を提唱し、そのキャンペーンを展開してきた。[10]提唱者によるその定義は以下のとおりである。

植盲の定義
周囲の環境における植物の存在が見えず注意を払っていないこと。その結果、次のような弊害を招いていること。

（1）生物圏と人間生活における植物の重要性を認識できない。
（2）植物界に属する生きものの美的な特徴とユニークな生物学的特徴を評価できない。
（3）植物よりも動物のほうがランクが上という人間中心的な誤解により、植物は顧慮するに値しないという誤った結論に至る。

もちろん、植物を愛でる人は多い。しかしそれは、木を見て森を見ず的な愛で方だったりする。たとえば森の中で空を見上げてみよう。葉を広げた木の枝は、互いに重ならないように配置されており、日光をみごとに有効活用している光景が見て取れることだろう。その科学的な意味を知っていれば、植物の美しさはなおいっそう際立つはずだ。

さあ、声高に叫ぼうではないか。「植物にもっと敬意を！」と。

おわりに

思い起こせば今を去る九年前の二〇一五年の年初、長らく年賀状のみの交流が続いていた友から、ある雑誌への連載依頼が舞い込んだ。その雑誌とは、公益財団法人 日本植物調節剤研究協会（植調協会）が発行する「植調」という月刊誌だった。全国農村教育協会を編集者として定年まで勤め上げた仮谷道則君が、同誌の編集を担当することになったので、寄稿しないかという依頼だった。彼とは、東京農工大学農学部植物防疫学科で共に学んだ間柄である。当時、植調協会の常務理事だった横山昌雄君も同じ同級生だった。これはもう、引き受けないわけにいかなかった。

連載条件は、三カ月に一回の割で、少しでも植物に関連していればそれ以外の内容は問わないという緩いものだった。そこで連載タイトルを「道草」とし、「路傍の草にも歴史があり意味がある。地球をつくってきた緑のパワーについて、細部にこだわりながら見直していく。ただし各回の話題は、植物のみに限定するわけではなく、植物を入口として、多様なトピック、エピソードに広げたい」という企画案をこしらえ上げた。

かくして「植調」誌の第四九巻一号（二〇一五年四月号）から始まり、第五七巻一号（二〇二三年四月号）

までの足かけ八年、三二回にわたって続いた連載エッセイが本書の母体である。それまであまり目を配っていなかった植物の最新研究を漁りながらの連載は、存外おもしろく、たくさんの発見があった。そして、同じ同級生で当時は会社員として東京に単身赴任していた、静岡県ホタル連絡協議会会長で絵本作家でもある菅谷昌司君も交えて定期的に開催したミニ同窓会も楽しかった。得難い体験を取り持ってくれた三氏に感謝する。

本書をまとめるにあたっては、連載に加筆修正を加えて全一六話に編集し直した。第1話に関しては、『別冊日経サイエンス二〇六　生きもの　驚異の世界——進化と行動の科学』(渡辺政隆編、二〇一五)に寄稿した「博物誌から科学へ」を下敷きにしている。本書を上梓するにあたり、構成への助言から出版に漕ぎ着けるまでとてもお世話になった、岩波書店編集部の猿山直美さんと校正担当の方にお礼を申し上げたい。

地球環境は危機的状況を迎えつつある。それを考えれば、戦争や自国の利益追求などにかまけている場合ではない。本書が、生きものたちが発する警告に少しでも耳を傾けるきっかけになれば幸いである。

二〇二四年春　ウグイスの囀りに耳を傾けつつ

渡辺政隆

15

(1) Tong X., *et al.*, 2022, *Nature Communications* 13: 5619.
(2) Sun G., *et al.*, 2022, *Nature Communications* 13: 7731.

16

(1) Bar-On Y. M., *et al.*, 2018, *PNAS* 115: 6506–6511.
(2) ダーウィン『種の起源(下)』渡辺政隆訳, 光文社古典新訳文庫, 2009.
(3) ケンブリッジ大学 HP（https://www.darwinproject.ac.uk/letters）より拙訳.
(4) C. Elton, 1927, *Animal Ecology*, Sidgwick & Jackson（『動物の生態学』渋谷寿夫訳, 科学新興社, 1955）. 渡辺政隆『ダーウィンの遺産——進化学者の系譜』岩波現代全書, 2015 も参照.
(5) C. S. Elton, 1958, *The Ecology of Invasions by Animals and Plants*, Methuen（『侵略の生態学』川那部浩哉ほか訳, 思索社, 1971, 新装版, 1988）.
(6) E. P. Odum, 1953, *Fundamentals of Ecology*, Saunders.
(7) MacArthur R., 1955, *Ecology* 36: 533–536.
(8) $H = -\Sigma\, p_i \log p_i$（$p_i$ は i という事象が起こる確率）
(9) Tribus M. & McIrvine E. C., 1971, *Scientific American* 224: 179–188.
(10) https://www.botany.org/bsa/psb/2001/psb47-1.pdf

11

(1) Kodama K., *et al.*, 2022, *Nature Communications* 13: 3974.

(2) 大野乾『生命の誕生と進化』東京大学出版会，1988.

(3) Morris J. L., *et al.*, 2018, *PNAS* 115: E2274-E2283.

(4) Lenton T. M., *et al.*, 2016, *PNAS* 113: 9704-9709.

(5) https://ntrs.nasa.gov/api/citations/19930073077/downloads/19930073077.pdf

(6) Cummings B. E. & Waring M. S., 2020, *J. Expo. Sci. Environ. Epidemiol.* 30: 253-261.

12

(1) Melamed Y., *et al.*, 2016, *PNAS* 113: 14674-14679.

(2) Dunne J., *et al.*, 2017, *Nature Plants* 3: 16194.

(3) ユヴァル・ノア・ハラリ『サピエンス全史――文明の構造と人類の幸福(上・下)』柴田裕之訳，河出文庫，2023.

(4) デヴィッド・グレーバー，デヴィッド・ウェングロウ『万物の黎明――人類史を根本からくつがえす』酒井隆史訳，光文社，2023.

(5) S. B. Carroll, 2006, *The Making of the Fittest: DNA and the Ultimate Forensic Record of Evolution*, W. W. Norton.

(6) ジョセフ・ヘンリック『文化がヒトを進化させた――人類の繁栄と〈文化-遺伝子革命〉』今西康子訳，白揚社，2019.

(7) ケヴィン・レイランド『人間性の進化的起源――なぜヒトだけが複雑な文化を創造できたのか』豊川航訳，勁草書房，2023.

13

(1) Ye C.-Y., *et al.*, 2019, *Nature Ecology & Evolution* 3: 1474-1482.

(2) Shirasawa K., *et al.*, 2020, *DNA Research*. https://doi.org/10.1093/dnares/dsaa010

14

(1) Hallmann C. A., *et al.*, 2017, *PLoS ONE* 12: e0185809.

(2) Lister B. C. & Garcia A., 2018, *PNAS* 115: E10397-E10406.

(3) R. Carson, 1962, *Silent Spring*, Houghton Mifflin (『沈黙の春』青樹簗一訳，新潮文庫，1974).

(4) Goulson D., 2019, *Current Biology* 29: R942-R995.

(5) Giavi S., *et al.*, 2021, *Nature Communications* 12: 1690.

(6) Oki K., *et al.*, 2021, *Journal of Insect Conservation* 25: 829-840.

（下）』奥本大三郎訳，集英社，2009.
(3) Brand P., *et al.*, 2020, *Nature Communications* 11: 244.

8

(1) Hayashi Y., *et al.*, 2015, *Science* 350: 957-961.
(2) 『ホメーロス オデュッセイアー（上）』呉茂一訳，岩波文庫，1971.
(3) 渡辺政隆『ダーウィンの遺産 —— 進化学者の系譜』岩波現代全書，2015.
(4) D. H. ロレンス『愛と死の詩集』安藤一郎訳，角川文庫，1957.

9

(1) Thorn R. G. & Barron G. L., 1984, *Science* 224: 76-78.
(2) Lukoyanova N., *et al.*, 2015, *PLoS Biol* 13: e1002049.
(3) https://www.linnean.org/the-society/history-of-science/beatrix-potter-the-tale-of-the-linnean-society
(4) Spribille T., *et al.*, 2016, *Science* 353: 488-492.
(5) Tuovinen V., *et al.*, 2019, *Current Biology* 29: 476-483.
(6) Feng W., *et al.*, 2020, *eLife*. https://doi.org/10.7554/eLife.50065

10

(1) ヒラリー・ロダム・クリントン『村中みんなで —— 子どもたちから学ぶ教訓』繁多進，向田久美子訳，あすなろ書房，1996.
(2) https://phys.org/news/2013-11-scavenging-fungi-friend.html
(3) Tisserant E., *et al.*, 2013, *PNAS* 110: 20117-20122.
(4) Nadai M., *et al.*, 2017, *Natute Plants* 3: 17073.
(5) Teste F. P., *et al.*, 2017, *Science* 355: 173-176.
(6) Averill C., *et al.*, 2014, *Nature* 505: 543-545.
(7) W. P. キンセラ『シューレス・ジョー』永井淳訳，文春文庫，1989.
(8) リチャード・パワーズ『オーバーストーリー』木原善彦訳，新潮社，2019.
(9) Simard S. W., *et al.*, 1997, *Nature* 388: 579-582.
(10) S. Simard, 2021, *Finding the Mother Tree: Uncovering the Wisdom and Intelligence of the Forest*, Allen Lane（スザンヌ・シマード『マザーツリー —— 森に隠された「知性」をめぐる冒険』三木直子訳，ダイヤモンド社，2023）.
(11) たとえば Robinson D. G., *et al.*, 2023, *Trends in Plant Science*. https://doi.org/10.1016/j.tplants.2023.08.010

https://doi.org/10.1098/rsos.150604
(2)　スティーヴン・ジェイ・グールド『パンダの親指 ── 進化論再考（上）』櫻町翠軒訳，ハヤカワ文庫 NF，1996.
(3)　Xue Z., *et al.*, 2015, *mBio* 6: 1-12.

5

(1)　ケンブリッジ大学 HP（https://www.darwinproject.ac.uk/letters）より拙訳.
(2)　同上.
(3)　C. Darwin, 1862, *Fertilisation of Orchids*, John Murray. 引用文は拙訳.
(4)　Wallace A. R., 1867, *Quarterly Journal of Science* 4: 471-488. 引用文は拙訳.
http://people.wku.edu/charles.smith/wallace/S140.htm
(5)　Rothschild L. W. & Jordan K., 1903, *Novitates Zoologicae* Supplement 9: 1-972. 引用文は拙訳.
(6)　渡辺政隆『ダーウィンの遺産 ── 進化学者の系譜』岩波現代全書，2015.
(7)　Wasserthal L. T., 1997, *Bot. Acta* 110: 343-359.
(8)　Netz C. & Renner S. S., 2017, *Biological Journal of the Linnean Society,* 122: 469-478.

6

(1)　弘前大学のプレスリリース及び Fukano Y. & Yamawo A., 2015, *Proc. R. Soc. B* 282: 20151379.
(2)　Fukano Y., 2017, *Proc. R. Soc. B* 284: 20162650.
(3)　Shahid S., *et al.*, 2018, *Nature* 553: 82-85.
(4)　ケンブリッジ大学 HP（https://www.darwinproject.ac.uk/letters）より拙訳.
(5)　Fukushima K. & Hasebe M., 2015, *Genesis* 52: 1-18. Fukushima K., *et al.*, 2015, *Nature Communications* 16: 6450. Fukushima K., *et al.*, 2017, *Nat. Ecol. Evol.* 1: 0059.
(6)　Böhm J., *et al.*, 2016, *Current Biology* 26: 286-295.

7

(1)　パトリック・ジュースキント『香水 ── ある人殺しの物語』池内紀訳，文春文庫，2003.
(2)　ジャン=アンリ・ファーブル『完訳 ファーブル昆虫記　第7巻

注

はじめに

(1) 石牟礼道子『花の億土へ』藤原書店，2014.
(2) イリイチ『シャドウ・ワーク』玉野井芳郎，栗原彬訳，岩波文庫，2023.
(3) ダーウィン『種の起源(上)』渡辺政隆訳，光文社古典新訳文庫，2009.
(4) ファラデー『ロウソクの科学』渡辺政隆訳，光文社古典新訳文庫，2022.

1

(1) 夏目漱石『文学論(上)』岩波文庫，2007.
(2) ドナルド・R. グリフィン『動物は何を考えているか』渡辺政隆訳，どうぶつ社，1989.
(3) ダーウィン『ミミズによる腐植土の形成』渡辺政隆訳，光文社古典新訳文庫，2020.

2

(1) 全米省庁合同火災センター(NIFC)のデータを基に作成.
https://www.nifc.gov/fire-information/statistics/wildfire
(2) Bird R. B., *et al.*, 2008, *PNAS* 105: 14796–14801.
(3) Bonta M., *et al.*, 2017, *J. of Ethnobiology* 37: 700–718.
(4) Schowanek S. D., *et al.*, 2021, *Global Ecol. Biogeogr.* 30: 896–908.
(5) Karp A. T., *et al.*, 2021, *Science* 374: 1145–1148.
(6) Gill J. L., *et al.*, 2009, *Science* 326: 1100–1103.
(7) Lundgren E. J., *et al.*, 2020, *PNAS* 117: 7871–7878.

3

(1) Temple S. A., 1977, *Science* 197: 885–886.
(2) Ito-Inaba Y., *et al.*, 2019, *Plant Physiology* 180: 743–756.
(3) Monteza-Moreno C. M., *et al.*, 2022, *Ecology and Evolution* 12: e8769.

4

(1) Gunji M. & Endo H., 2016, *Royal Society Open Science*.

渡辺政隆
1955年生まれ．サイエンスライター，日本サイエンスコミュニケーション協会会長，東北大学特任教授，同志社大学客員教授．東京大学大学院農学系研究科修了．専門は科学史，進化生物学，サイエンスコミュニケーション．
著書に『一粒の柿の種』(岩波現代文庫)，『ダーウィンの遺産』(岩波現代全書)，『ダーウィンの夢』(光文社新書)，『科学で大切なことは本と映画で学んだ』(みすず書房)，『科学の歳事記』(教育評論社)ほか．翻訳書に『ワンダフル・ライフ』(ハヤカワ文庫)，『種の起源(上・下)』『ミミズによる腐植土の形成』『ロウソクの科学』(以上，光文社古典新訳文庫)，『進化理論の構造』(工作舎)など多数．

〈生かし生かされ〉の自然史
——共生と進化をめぐる16話

2024年5月16日　第1刷発行

著　者　渡辺政隆《わたなべまさたか》

発行者　坂本政謙

発行所　株式会社 岩波書店
〒101-8002 東京都千代田区一ツ橋2-5-5
電話案内 03-5210-4000
https://www.iwanami.co.jp/

印刷・精興社　製本・松岳社

ISBN 978-4-00-005063-0　Printed in Japan